WERKSTATTBÜCHER

FÜR BETRIEBSBEAMTE, KONSTRUKTEURE UND FACHARBEITER
HERAUSGEGEBEN VON DR.-ING. H. HAAKE, HAMBURG

Jedes Heft 50—70 Seiten stark, mit zahlreichen Textabbildungen

---

Die Werkstattbücher behandeln das Gesamtgebiet der Werkstattstechnik in kurzen selbständigen Einzeldarstellungen; anerkannte Fachleute und tüchtige Praktiker bieten hier das Beste aus ihrem Arbeitsfeld, um ihre Fachgenossen schnell und gründlich in die Betriebspraxis einzuführen.

Die Werkstattbücher stehen wissenschaftlich und betriebstechnisch auf der Höhe, sind dabei aber im besten Sinne gemeinverständlich, so daß alle im Betrieb und auch im Büro Tätigen, vom vorwärtsstrebenden Facharbeiter bis zum leitenden Ingenieur, Nutzen aus ihnen ziehen können.

Indem die Sammlung so den Einzelnen zu fördern sucht, wird sie dem Betrieb als Ganzem nutzen und damit auch der deutschen technischen Arbeit im Wettbewerb der Völker.

Einteilung der bisher erschienenen Hefte nach Fachgebieten

(Fortsetzung 3. Umschlagseite)

WERKSTATTBÜCHER

FÜR BETRIEBSBEAMTE, KONSTRUKTEURE UND FACH-
ARBEITER. HERAUSGEBER DR.-ING. H. HAAKE, HAMBURG

HEFT 90

Technisches Rechnen

Von

Dr. phil. Vollrat Happach

Zweiter Teil

**Zeichnerische Darstellungen als Rechenhilfsmittel
(Graphisches Rechnen) mit Beispielen aus der
Technik und ihren Hilfswissenschaften**

Dritte, verbesserte Auflage
(13. bis 18. Tausend)

Mit 162 Abbildungen im Text

Springer-Verlag Berlin Heidelberg GmbH 1949

Inhaltsverzeichnis.

ISBN 978-3-540-01436-2   ISBN 978-3-642-88369-9 (eBook)
DOI 10.1007/978-3-642-88369-9

Einführung.

Die Rechenhilfsmittel der Technik lassen sich etwa wie folgt einteilen:

1. Mathematisch-technische Formeln.
2. Zahlentafeln.
3. Graphische Darstellungen.
4. Mechanische Rechenhilfsmittel.

Die mathematisch-technischen Formeln und Tabellen sind vorwiegend Hilfsmittel des numerischen Rechnens; auch die mechanischen Hilfsmittel im engeren Sinne (Rechenmaschinen) gehören hierher.

Die Zeichnung als Rechenhilfsmittel soll im folgenden eingehender behandelt werden. Es wird sich erweisen, daß auch viele mechanische Vorrichtungen in Verbindung mit graphischen Darstellungen zur Ausführung bestimmter Rechnungen mit Vorteil verwendet werden können.

Die numerische Rechnung kommt vorwiegend dort zur Anwendung, wo es sich um die Ermittlung von Einzelwerten handelt und wo die erstrebte hohe Genauigkeit oder die Eigenart des Rechenvorganges die Verwendung bequemerer Hilfsmittel nicht zuläßt.

Die bei technischen Rechnungen erforderlichen Genauigkeiten liegen etwa bei $^1/_{1000}$; für viele Rechnungen genügen indes schon Genauigkeiten von $^1/_{100}$—$^{0,5}/_{100}$, und diese können durch eine Zeichnung unschwer eingehalten werden. Überall da also, wo eine höhere Rechengenauigkeit als etwa $^5/_{1000}$ nicht notwendig ist, wo des öfteren ein und dieselbe Rechnung — nur immer mit jeweils anderen Zahlen — auszuführen ist, wird man zur Zeichnung als Rechenhilfsmittel greifen. Das tut z. B. die Statik schon lange. Aber auch die übrige Technik bedient sich mehr und mehr dieses anschaulichen und bequemen Hilfsmittels, zumal — seit etwa 1895 — in der „Nomographie" ein Verfahren gefunden wurde, das in der Ausführung und Anwendung überaus einfach und dabei so außerordentlich vielseitig ist, daß seine Anwendungsgebiete bei weitem noch nicht alle erschlossen sein dürften.

Man kann das graphische Rechnen in der Technik in folgende Arbeitsgebiete einteilen:

1. *Die Zeichnung als Hilfsmittel zur Veranschaulichung funktioneller Zusammenhänge.* Was die numerische Rechnung nur jeweils für den Einzelfall aufzuzeigen vermag, das kann die Zeichnung für einen weiten Bereich zusammenhängend darstellen und anschaulich machen. Hierzu dienen vorwiegend die Darstellungen von Einzelkurven und von Kurvenscharen im kartesischen Koordinatensystem (Diagramme bzw. Netztafeln).

2. *Die Zeichnung als Mittel zur Berechnung von Einzelwerten gegebener Funktionen* mit zwei, drei und mehr Veränderlichen. Die Abhängigkeiten brauchen dabei gar nicht einmal formelmäßig festgelegt zu sein. Auch empirisch gefundene Zusammenhänge können in eine solche Form gebracht werden, daß leicht bestimmte Rechnungen damit durchgeführt werden können. Es dienen hierzu

Anmerkung: In der ersten Auflage (1933) war dieser II. Teil noch mit dem I. Teil in Heft 52 vereinigt. Heft 52 behandelt in der 2. und 3. Auflage ausschließlich das „Rechnen mit Zahlen und Buchstaben". — Die 2. Auflage dieses Heftes war 1943 erschienen.

beispielsweise die Funktionsleitern und die Rechentafeln nach der Methode der fluchtrechten Punkte.

3. *Die Zeichnung als Teil von Maschinen*, Apparaten oder Instrumenten zur Auswertung irgendwelcher mit Meßgeräten ermittelter oder von ihnen angezeigter Größen. Hierzu gehören insbesondere die Teilungen der Zeigerinstrumente; ferner jene Geräte, die irgendwelche gesuchten Werte aus zwei, drei oder mehr Meßelementen ableiten. Die Geräte dieser Art sind dann vielfach gleichzeitig Meßinstrumente *und* Rechenmaschinen; denn *Messen* und *Rechnen* gehören immer zusammen!

Je nach dem *Zweck* wird man also zu dem einen oder dem anderen Auswerteverfahren greifen; wir stellen diese entsprechend noch einmal zusammen:

	Zahl der Variablen	Zahl der zu bestimmenden Endwerte	geforderte Genauigkeit	Auswerteverfahren	Auswertehilfsmittel
1	beliebig	beschränkt	$^1/_{10}{}^6$ bis $^1/_{10}{}^4$	numerische Berechnung	Multiplikationstafeln, Logarithmentafeln mechanische Rechenmaschinen
2	wenig (bis etwa 6)	beliebig	$^1/_{10}{}^4$ bis $^1/_5 \cdot 10^2$	graphische Berechnung	Rechenschieber Rechenskalen Rechengetriebe Nomogramme
3	beschränkt	beliebig	$^1/_{10}{}^3$ bis $^1/_{10}{}^2$	mechanische Auswertung	Spezielle teils selbständige, teils mit dem Meßgerät gekoppelte Auswertevorrichtungen

Das gesamte Technische Rechnen gliedert sich somit in *drei* Gebiete: In das numerische Rechnen, das wir im I. Teil (Heft 52) behandelten, das graphische Rechnen, mit dem wir uns in dem vorliegenden Bande beschäftigen wollen, und schließlich die mechanische Auswertung, die etwa im Rahmen einer „Meßtechnik" behandelt werden müßte.

I. Geometrische Konstruktion algebraischer Ausdrücke.

1. Allgemeines. a) Das graphische Rechnen, d. h. die Ermittlung von Zahlenwerten auf Grund einer Zeichnung, stützt sich auf Sätze sowohl der euklidischen wie auch der analytischen Geometrie und ihre Folgerungen.

b) Der Zusammenhang zwischen den numerischen Werten und einer geometrischen Figur ist gegeben durch die Tatsache, daß man einer beliebigen Strecke stets einen bestimmten Zahlenwert zuordnen kann. Die verschiedenen Rechenoperationen werden alsdann in der Zeichnung dargestellt durch die verschiedenen geometrischen Beziehungen.

c) Die wichtigsten beim graphischen Rechnen zur Anwendung gelangenden Lehrsätze der euklidischen Geometrie sind vornehmlich die Sätze von der Proportionalität und Ähnlichkeit bei ebenen Figuren, insbesondere

die Strahlensätze,

die Sätze von den Proportionalitäten am rechtwinkligen Dreieck (Höhensatz des EUKLID usw.),

der Lehrsatz des PYTHAGORAS,

die Lehrsätze vom Kreise

und einige andere. Daneben werden natürlich auch gelegentlich die Hauptsätze der Goniometrie und der Trigonometrie gebraucht.

d) Die wichtigsten Sätze der analytischen Geometrie sind bereits im I. Teil, S. 40 ff. zusammengestellt.

e) Wenn nun eine Zeichnung als Grundlage für die Ausführung numerischer Rechnungen dienen soll, so müssen bestimmte Forderungen an sie gestellt werden. Diese sind

1. Exaktheit der Darstellung (z. B.: parallel geforderte Linien müssen auch tatsächlich haarscharf parallel sein usw.).

2. Geeignete, der geforderten Rechengenauigkeit angepaßte Maßstäbe.

Die Forderung zu 1 bedingt die Verwendung geeigneten Zeichenmaterials (Bleistift Nr. 4 und härter, Zirkel, genaue Zeichendreiecke, gutes Zeichenpapier); die zu 2: Überlegung!

2. Darstellung von Einzelwerten durch Strecken. a) Die in Abb. 1 gegebenen Strecken mögen die Zahlenwerte a, b und c maßstäblich darstellen. Es lassen sich dann ohne weiteres folgende algebraischen Zusammenhänge zeichnen:

$x = a + b$ (Abb. 2)

$x = b + c - a$ (Abb. 3).

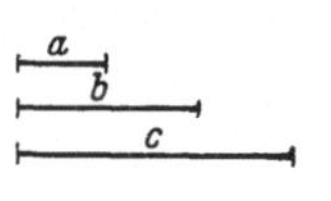

Abb. 1.

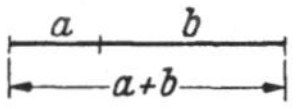

Abb. 2.

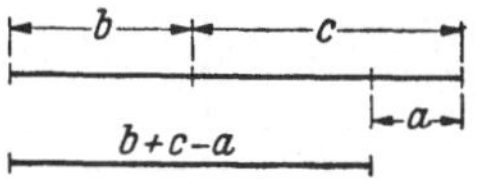

Abb. 3.

Ferner durch Anwendung der Strahlensätze

$$x = \frac{c}{3} \quad \text{(Abb. 4)}$$

$$x = \frac{a \cdot b}{c} \quad \text{(Abb. 5)}.$$

Weiter durch Anwendung der verschiedenen Sätze vom rechtwinkligen Dreieck:

$$x = \sqrt{a^2 + b^2} \quad \text{(Abb. 6)}$$

$$x = \sqrt{c^2 - b^2} \quad \text{(Abb. 7)}$$

$$x = \sqrt{a\,b} \quad \text{(Abb. 8)}.$$

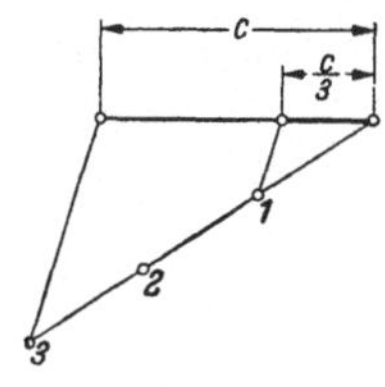

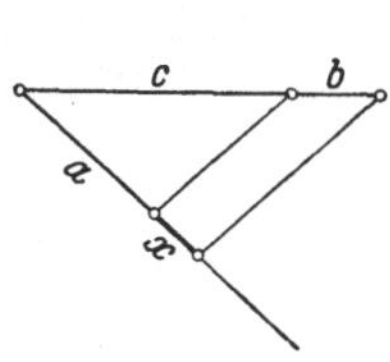

Abb. 4.

Abb. 5.

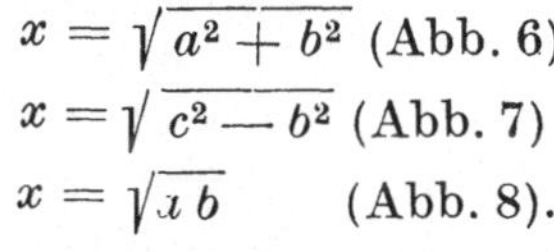

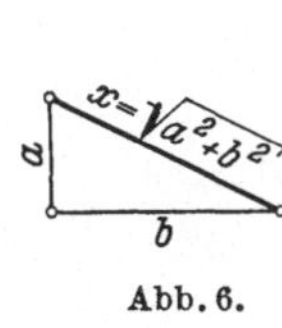

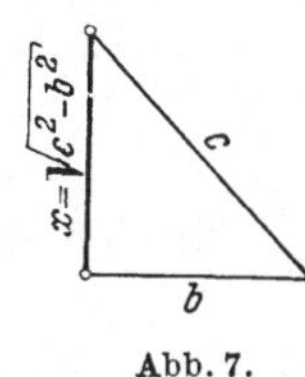

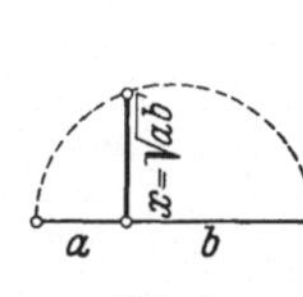

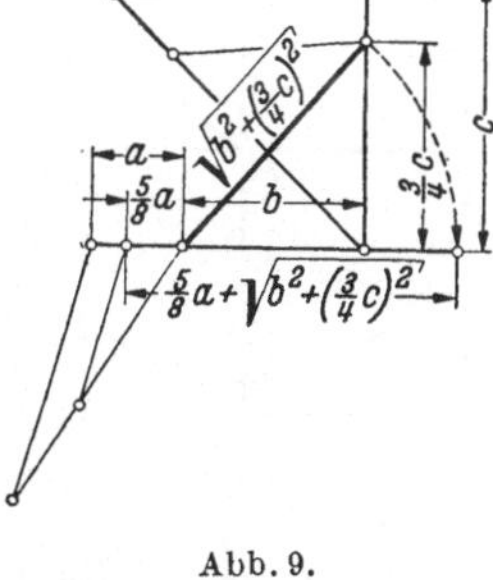

Abb. 6.

Abb. 7.

Abb. 8

Abb. 9.

Oft müssen auch mehrere Lehrsätze zugleich angewandt werden, z. B.

$$x = \frac{5}{8} a + \sqrt{b^2 + \left(\frac{3}{4} c\right)^2} \quad \text{(Abb. 9)}.$$

b) In den bisherigen Beispielen behandelten wir ausnahmslos *lineare* Zusammenhänge. Sind die darzustellenden Ausdrücke nicht mehr linear, sondern, wie man sagt, irgendwie *funktionell*, so muß man, um sie zeichnerisch darstellen zu können, noch die *Länge der Einheit* kennen. Unter Benutzung einer gegebenen Einheit sind dann in Abb. 10 die Werte für

$$x = \sqrt{2}$$
$$x = \sqrt{3}$$
$$x = \sqrt{4} \quad \text{usw.}$$

dargestellt.

Ferner wurden unter Zugrundelegung der in Abb. 11 für 1, a und b gegebenen Werte folgende algebraische Ausdrücke durch eine geometrische Figur dargestellt:

$x = \sqrt{a}$ (Abb. 12)

$x = \dfrac{a}{\sqrt{b}}$ (Abb. 13)

$x = \dfrac{a}{2\,b^2}$ (Abb. 14)

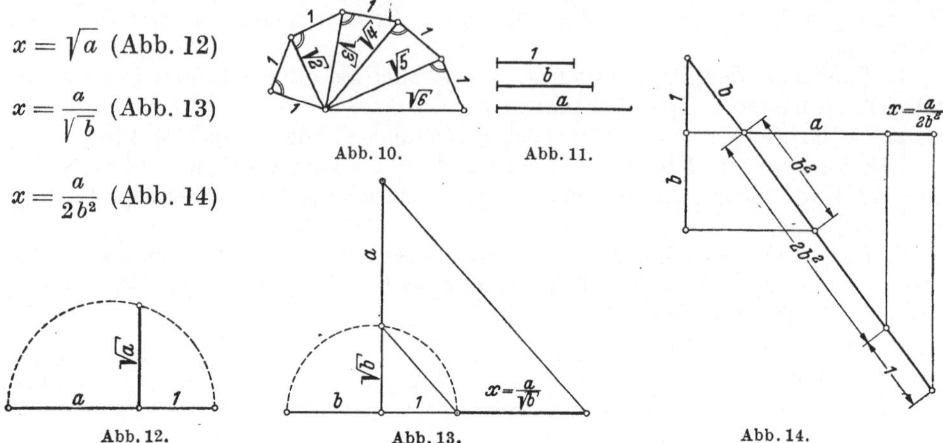

Abb. 10.   Abb. 11.   Abb. 14.

Abb. 12.   Abb. 13.

3. Darstellung allgemeiner algebraischer Zusammenhänge. a) Eine Linie, welche in allen ihren Punkten eine bestimmte Bedingung erfüllt, nennt man den „geometrischen Ort" oder kurz den „Ort". Es ist im allgemeinen nicht schwer, diese Bedingung an Hand der Zeichnung in eine algebraische Form zu kleiden.

b) So ist z. B. der Kreis der Ort aller Punkte, welche von einem gegebenen Punkte — dem Kreismittelpunkte — eine konstante Entfernung[1] haben.

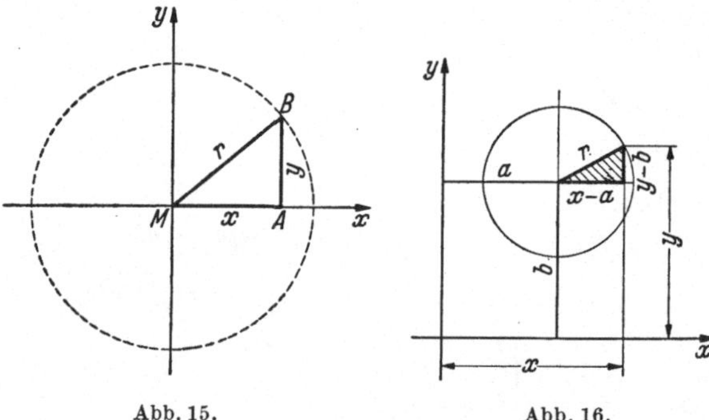

Abb. 15.   Abb. 16.

Die gesuchte algebraische Beziehung zeigt Abb. 15 auf; der Mittelpunkt des Kreises fällt hier mit dem Ursprung des kartesischen Koordinatensystems zusammen. Durch Betrachtung des Dreiecks $MABM$, in welchem

$$MA = x,$$
$$AB = y,$$

findet man unmittelbar

$$x^2 + y^2 = r^2 \qquad (1)$$

oder, wenn der Mittelpunkt M beliebige Koordinaten hat (Abb. 16),

$$(x - a)^2 + (y - b)^2 = r^2. \qquad (2)$$

Dieses letzte Beispiel stellt zugleich die früher im I. Teil, S. 45 aufgestellte These unter Beweis: Die Gleichung einer in Richtung der x-Achse um den Betrag a in Richtung von y um b verschobenen Kurve

$$y = f(x)$$

wird erhalten, wenn man statt x den Wert $(x - a)$, statt y den Wert $(y - b)$ in die vorgelegte Gleichung einführt.

---

[1] Merke: *Zwei* Punkte haben eine *Entfernung*, die kürzeste Entfernung eines abseits von einer Geraden gelegenen Punktes von dieser Geraden heißt *Abstand*. *Konstant* heißt *eine* mehrfach angewendete Größe; *gleich* sind zwei oder mehrere einmal oder mehrfach angewendete Größen!

c) Als weiteres Beispiel führen wir die *Parabel* an. Sie ist der geometrische Ort aller Punkte, die von einem gegebenen Punkt dieselbe Entfernung wie Abstand von einer gegebenen Geraden haben (Abb. 17).

Die gesuchte algebraische Beziehung zwischen x und y läßt sich wieder unmittelbar aus der Zeichnung, und zwar aus der Betrachtung des Dreiecks $PFBP$ ableiten. Es ist da

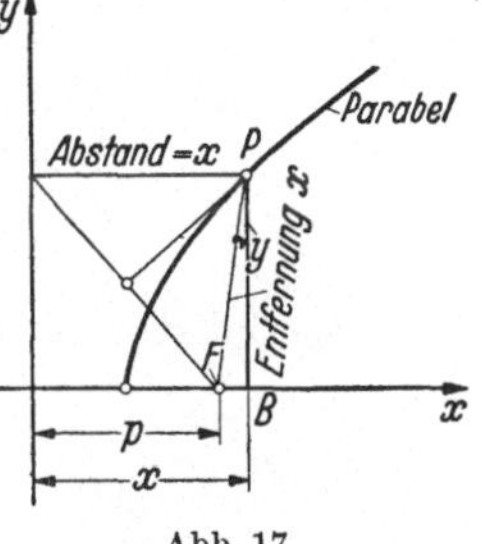

Abb. 17.

$$(x - p)^2 + y^2 = x^2$$
$$x^2 - 2px + p^2 + y^2 = x^2$$
$$y^2 = 2px - p^2$$
$$y = \sqrt{2px - p^2}\,.$$

d) Man erkennt, daß die Kurve auf der x-Achse verschoben ist; die Größe der Verschiebung stellen wir wie folgt fest:

$$y = \sqrt{2px - 2p \cdot \frac{p^2}{2p}}$$
$$y = \sqrt{2p\left(x - \frac{p}{2}\right)}\,.$$

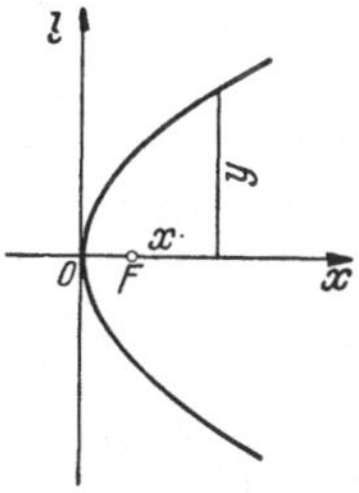

Die betrachtete Parabel ist also um das Stück $\frac{p}{2}$ in der $+\,x$-Richtung verschoben; die Gleichung der die Y-Achse im Ursprung tangierenden Parabel (Abb. 18) hätte also die Gleichung

$$y = \sqrt{2px} \qquad (3)$$

Abb. 18.

e) Auf die gleiche Weise läßt sich die Gleichung der *Ellipse* ableiten, wenn man weiß, daß sie der Ort aller Punkte ist, für welche die Entfernungssumme von zwei gegebenen Punkten F_1 und F_2 konstant ist (Abb. 19).

Nach dieser Definition ist für jeden Punkt der Ellipse

$$S_1 + S_2 = 2a;$$

ferner setzen wir zur Vereinfachung

$$f = \sqrt{a^2 - b^2}\,.$$

Aus der Abb. 19 ist dann abzulesen

$$S_1{}^2 = (f + x)^2 + y^2$$
$$S_2{}^2 = (f - x)^2 + y^2$$
$$\overline{S_1{}^2 + S_2{}^2 = 2(f^2 + x^2 + y^2)}$$
$$S_1{}^2 - S_2{}^2 = 4fx$$
$$\overline{(S_1 + S_2)(S_1 - S_2) = 4fx\,,}$$

somit

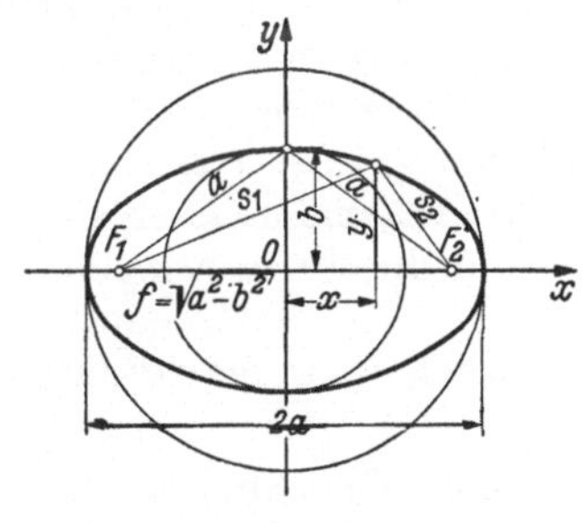

Abb. 19.

$$S_1 - S_2 = \frac{4fx}{S_1 + S_2} = \frac{2fx}{a}$$

Die Gleichungen $S_1 + S_2 = 2a$ und $S_1 - S_2 = 2\frac{fx}{a}$ geben quadriert

$$(S_1 + S_2)^2 = S_1{}^2 + S_2{}^2 + 2S_1 S_2 = 4a^2$$
$$(S_1 - S_2)^2 = S_1{}^2 + S_2{}^2 - 2S_1 S_2 = 4\frac{f^2 x^2}{a^2}$$
$$\overline{2(S_1{}^2 + S_2{}^2) = 4\left(a^2 + \frac{f^2 x^2}{a^2}\right)}$$

$$S_1{}^2 + S_2{}^2 = 2a^2 + 2\frac{f^2 x^2}{a^2} = 2(f^2 + x^2 + y^2)\,,$$

hieraus, nach Multiplikation mit $\dfrac{a^2}{2}$, dabei $f^2 = a^2 - b^2$ eingesetzt,

$$a^4 + f^2 x^2 = a^2 f^2 + a^2 x^2 + a^2 y^2$$
$$a^4 + x^2(a^2 - b^2) = a^2(a^2 - b^2) + a^2 x^2 + a^2 y^2$$
$$a^4 + a^2 x^2 - b^2 x^2 = a^4 - a^2 b^2 + a^2 x^2 + a^2 y^2$$
$$b^2 x^2 + a^2 y^2 = a^2 b^2$$
$$\frac{x^2}{a^2} + \frac{y^2}{b^2} = 1 . \tag{4}$$

Dieses ist die gesuchte Gleichung der Ellipse.

f) Auch die Gleichung der *Hyperbel*

$$\frac{x^2}{a^2} - \frac{y^2}{b^2} = 1 \tag{5}$$

läßt sich auf die nämliche Weise finden. Man braucht nur zu wissen, daß die Hyperbel definiert ist als der Ort jener Punkte, deren *Entfernungsdifferenz* von zwei gegebenen Punkten F_1 und F_2 (Abb. 20) eine Konstante ($= 2a$) ist. Für unsere Abbildung gilt also

$$S_1 - S_2 = 2a .$$

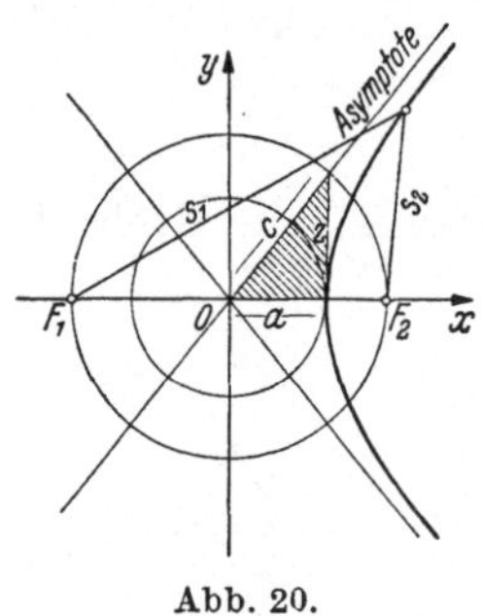

Abb. 20.

g) Die hier behandelten Kurven: Kreis, Parabel, Ellipse und Hyperbel zählen zu den *Kegelschnitten*; auch die gerade Linie und der Punkt müssen dazu gerechnet werden, denn ein *Punkt* entsteht, wenn die Schnittebene durch die Spitze des (geraden Kreis-) Kegels geht;

eine *gerade Linie*, wenn die Ebene den Kegelmantel tangiert.

Ein *Kreis* entsteht, wenn eine zur Kegelachse senkrechte Ebene den Kegel irgendwo schneidet;

eine *Ellipse*, wenn die Ebene stärker als die Mantellinie gegen die Kegelachse geneigt ist,

eine *Parabel*, wenn sie gleiche Neigung hat, wie die Mantellinien gegen die Achse,

eine *Hyperbel*, wenn ihre Neigung zur Achse kleiner ist.

Punkt, gerade Linie, Kreis, Parabel und Hyperbel sind letzten Endes als Spezialfälle der Ellipse aufzufassen.

h) Allgemein lassen sich die algebraischen Beziehungen der bisher behandelten Art auf die Form bringen

$$f(x, y) = o$$

oder auch, wenn man die Gleichung nach der Veränderlichen y auflöst, auf die Form

$$y = f(x) .$$

Die erste Gleichung stellt die *implizierte* Form, die letzte die *explizierte* Form einer „Abhängigkeit" oder eines „Zusammenhanges" dar, der sich grundsätzlich als Kurve in einem rechtwinkligen Koordinatensystem (r.K.S.) darstellen läßt.

Die in den Gleichungen auftretenden Konstanten heißen *Parameter*. Verändert man einen Parameter, so wird aus der Einzelkurve eine *Kurvenschar*. So stellt beispielsweise die Gleichung

$$y = \sqrt{r^2 - x^2}$$

einen Kreis mit dem bestimmten Radius r dar. Variiert man r in bestimmten Grenzen, sagen wir zwischen $r = o$ und $r = a$, was man durch die Schreibweise

$$r]_o^a$$

andeutet, so erhält man lauter konzentrische Kreise; an sich unendlich viel, doch wird man aus Gründen der Übersichtlichkeit immer nur einige bestimmte Kreise zeichnen.

Allgemein schreiben wir einen explizierten Zusammenhang zwischen den Variablen x und y bei Vorhandensein eines veränderlichen Parameters a in der Form

$$y = f(x, a)\,.$$

II. Die graphische Darstellung im rechtwinkligen Koordinatensystem.

4. Die Bestimmung einzelner Funktionswerte. a) Will man die Beziehung

$$y = f(x)$$

graphisch darstellen, so geschieht das in der Weise, daß man zunächst einige zusammengehörige Wertpaare berechnet und diese in ein r.K.S. als Punkte einträgt, die man durch einen stetigen Linienzug verbindet.

Ganz entsprechend geht man vor, wenn Gleichungen von der Form

$$y = f(x, a)\,,$$

wobei also a einen veränderlichen Parameter bedeutet, ausgewertet und in Form einer Kurvenschar dargestellt werden sollen. Es sei beispielsweise die Beziehung

$$s = v \cdot t$$

für die Bereiche

$$v]_{100 \text{ m/s}}^{250 \text{ m/s}} \quad \text{und} \quad t]_{5 \text{ s}}^{50 \text{ s}}$$

zu zeichnen. Die Aufgabenstellung möge dahin ausgelegt werden, daß s als Kurvenschar in einem Achsenkreuz mit v als Ordinate und t als Abszisse dargestellt werden soll. Es wird also zweckmäßig sein, die numerische Auswertung so anzulegen, daß s nur in jenen Werten erscheint, die man darzustellen wünscht, also in ganzen Zahlen. Man erreicht das, indem man die vorgelegte Gleichung umstellt, und sie als

$$t = \frac{s}{v} \quad \text{schreibt.}$$

Die formularmäßige Auswertung dieser Gleichung ist in Tabelle 1 durchgeführt; die danach entwickelte Kurvenschar zeigt Abb. 21.

b) Auch algebraische Gleichungen höheren Grades lassen sich *graphisch* auswerten. Das Verfahren, das von den Beziehungen der Wurzeln der vorgelegten Gleichung zu deren Koeffizienten ausgeht und nach SEGNER benannt wird, ist indessen nur unter gewissen Voraussetzungen von praktischer Bedeutung. Insbesondere ist es nur für kleine Koeffizienten und kleine Werte für x brauchbar.

Wir verzichten daher auf eine exakte Begründung dieses Verfahrens und geben lediglich ein Schema für die Anwendung. Die allgemeine Form der hiernach auszuwertenden Funktion ist

$$f(x) = a_0\,x^{n} + a_1\,x^{n-1} + a_2\,x^{n-2} + \cdots + a_{n-1}\,x + a_n\,;$$

es sei der Funktionswert $f(x) = y$ zu bestimmen für den speziellen Wert $x = b$.

Zur Lösung zeichne man sich (Abb. 22) ein Achsenkreuz mit X als Abszissen- und Y als Ordinatenachse. Bei $x = 1$ zeichne man eine Parallele zur Y-Achse,

Tabelle 1.

s	v	t
1000	100	10
	150	6.7
	200	5
	250	4
2000	100	20
	150	13.3
	200	10
	250	8
3000	100	30
	150	20
	200	15
	250	12
4000	100	40
	150	26.7
	200	20
	250	16
5000	100	50
	150	33.3
	200	25
	250	20

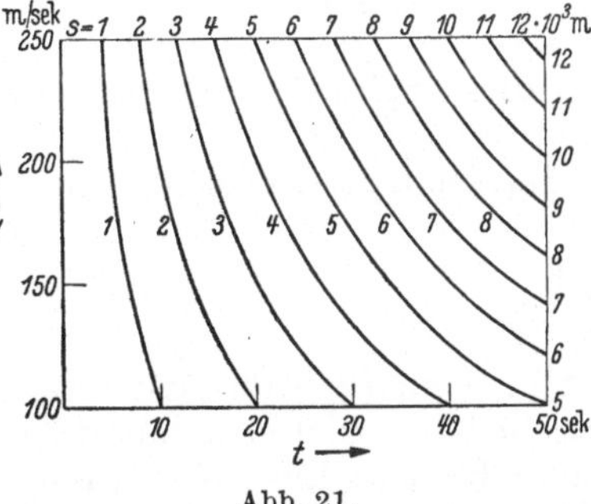

Abb. 21.

die sog. E-Linie. Eine zweite Ordinate errichtet man bei $x = b$. Auf der Y-Achse trägt man dann, ausgehend vom Ordinatenwerte $y_1 = a_\mathrm{n}$, die a-Werte so auf, daß jeweils die Summe dieser a-Werte erscheint, also a_n, $a_\mathrm{n} + a_{\mathrm{n}-1}$, $a_\mathrm{n} + a_{\mathrm{n}-1} + a_{\mathrm{n}-2}$

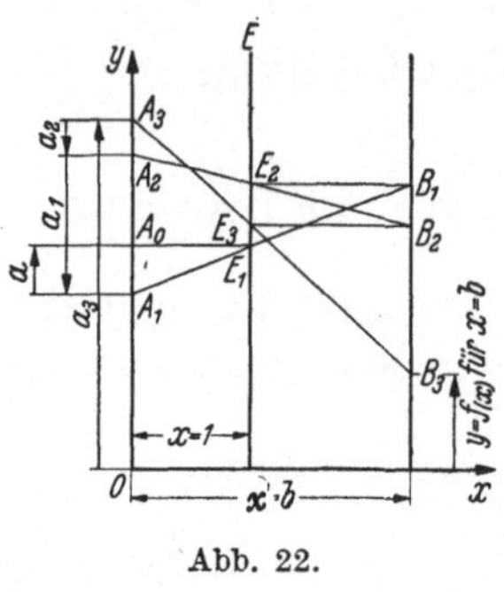

Abb. 22.

usw. Man erhält damit die Punkte A_n, $A_{\mathrm{n}-1}$, $A_{\mathrm{n}-2}$ usw. bis A_0. (Im Beispiel Abb. 23 ist $n = 3$.) Nun kann die Auswertung beginnen. Man zieht eine Parallele zur X-Achse durch den zuletzt gefundenen Punkt, also durch A_n und findet als Schnitt mit der E-Linie den Punkt E_1. Durch diesen Punkt und durch $A_{\mathrm{n}-1}$ zieht man eine Gerade, deren Verlängerung die Ordinate in $x = b$ im Punkte B_1 schneidet. Die Parallele zu X durch B_1 führt dann zum Punkte E_2, dessen Verbindung mit $A_{\mathrm{n}-2}$ weiter zu E_3 usw. Die letzte auf diese Weise mögliche Verbindungslinie zwischen A_1 und dem zuletzt auf der E-Linie gefundenen Punkt schneidet die Ordinate in $x = b$ schließlich in dem gesuchten Funktionswert. Abb. 23 zeigt die hiernach durchgeführte Lösung der Gleichung

$$f(x) = 0{,}3\,x^2 - 0{,}8\,x + 1{,}5$$

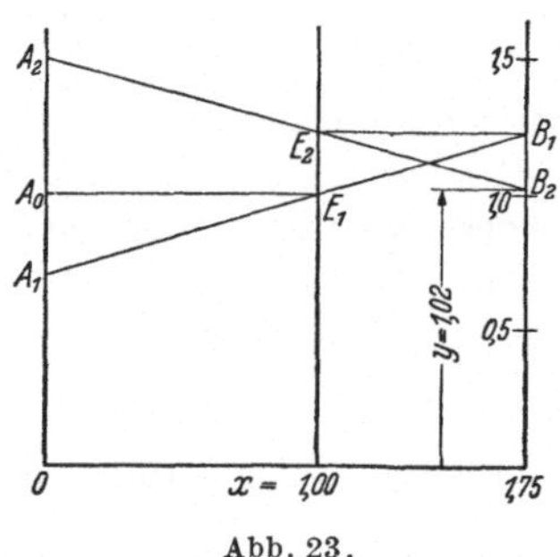

Abb. 23.

für $x = 1{,}75$. Die Rechenschieberausrechnung liefert den Wert $f(x) = 1{,}018$; unsere Zeichnung $f(x) = 1{,}02$.

c) Das Verfahren von SEGNER löst also algebraische Gleichungen höheren Grades mit einer Unbekannten. Man findet die Lösungen solcher und auch transzendenter Gleichungen mit einer Unbekannten auch noch auf die Weise, daß man die gegebene Gleichung $f(x) = 0$ in einem r. K. S. als Kurve $y = f(x)$ darstellt und die Schnittpunkte derselben mit der Abszissenachse aufsucht. Für diese Schnittpunkte ist $y = 0$ und ihre Abszissenwerte sind die gesuchten Lösungen.

Hat man *zwei* Gleichungen mit zwei Unbekannten, etwa

$$f_1(x) = 0$$

und

$$f_2(x) = 0,$$

so trägt man die beiden Kurven, also $f_1(x) = y$ und $f_2(x) = y$ in das gleiche r. K. S. ein; die Koordinaten der Schnittpunkte der beiden Kurven sind dann die Lösungen. Näher braucht hierauf an dieser Stelle nicht eingegangen werden, weil uns *spezielle* Lösungen erst in *zweiter* Linie interessieren. Primär interessieren in der Nomographie zunächst nur die *allgemeinen* Lösungsverfahren.

5. Graphische Ausgleichung der auf Grund von Messungen aufgestellten Kurven.
a) Wenn man zwei voneinander abhängige Größen messend untersucht und die Messungsergebnisse in Abhängigkeit von der willkürlich geänderten Meßgröße in einem kartesischen Koordinatensystem — als sog. Diagramm — darstellt, so werden die Verbindungen der einzelnen Meßpunkte gewöhnlich — vor allem bei entsprechend gewähltem Maßstab — keine stetige Kurve ergeben. Will man nun die derart festgestellte Abhängigkeit weiter verwenden — z. B. hinsichtlich ihrer mathematischen Eigenschaften untersuchen od. dgl. —, so muß man die Messungsergebnisse zuvor einer Ausgleichung unterwerfen, d. h. man muß jene Kurve ausfindig machen, die sich am besten dem empirisch festgestellten Verlauf anschmiegt. Nun

kann man durch eine gegebene Punktreihe eine unendliche Zahl „ausgleichender Kurven" legen. Nach den Sätzen der von Gauss begründeten „Fehlertheorie" ist nun von allen den durch eine gegebene Punktreihe gelegten Kurven jene die „wahrscheinlichste", für welche die Summe der Quadrate der Abweichungen von der gegebenen ein Minimum wird. Ist der Zusammenhang als linear, hyperbolisch, logarithmisch od. dgl. bekannt, so lassen sich die Konstanten des betreffenden Zusammenhanges nach den von Gauss aufgestellten Regeln im Wege der Ausgleichung rechnerisch ermitteln (Ausgleichsrechnung nach der Methode der kleinsten Quadrate). Die hierbei anzuwendenden rechnerischen Verfahren sind jedoch recht umständlich, und man bedient sich ihrer eigentlich nur bei sehr wertvollen Rechnungen, z. B. in der Astronomie, Geodäsie, Physik usw. In der Technik genügt im allgemeinen die graphische Ausgleichung nach Augenmaß. In Abb. 24 z. B. soll die Reihe der Meßpunkte in einer Geraden liegen. Die durch die Punktreihe nach Augenmaß gezogene ausgleichende Gerade verbindet etwa die Punkte A und B.

b) Es gibt aber noch ein anderes bequemes Verfahren zum exakteren Ausgleich jener Widersprüche, die in der Zeichnung der Kurve in Erscheinung treten, ein Verfahren, das auch dort mit Vorteil angewendet wird, wo es sich darum handelt, die Genauigkeit der Meßwerte zu verbessern. Man bildet für gleiche Intervalle der Abszissen die zugehörigen Ordinatenunterschiede (= 1. Differenzenreihe), zeichnet sie als Kurve auf und gleicht nach Augenmaß aus. Mit den auf diese Weise ausgeglichenen Ordinatenunterschieden verbessert man alsdann die einzelnen Meßwerte. Dadurch, daß man die ausgeglichene erste Differenzenreihe auf die nämliche Weise untersucht und verbessert, läßt sich der Ausgleich der in den Messungsergebnissen auftretenden Widersprüche beliebig weit treiben. Bedingung ist, daß wenigstens ein Wert, besser zwei Werte — je einer am Anfang und am Ende der Messungsreihe — sicher sind oder wenigstens als sicher angesehen werden können.

c) Das Verfahren möge an einem Beispiel erläutert werden. In der nebenstehenden Tabelle 2 sind in der ersten Spalte unter T jene Zeiten eingetragen, während welcher ein Körper die in der zweiten Spalte unter s zusammengestellten Wege zurücklegt. Trägt man die Kurve $s = f(T)$ in ein rechtwinklig kartesisches Koordinatensystem

---

Tabelle 2.

T sek	s hm[1]	Δs	Δs	$\frac{s}{\text{hm}}$	$\Delta\Delta s$
1	2	3	4	5	6
0	0			0	
		7,9	7,9		
1	7,9			7,9	1,2
		6,1	6,7		
2	14			14,6	0,8
		6	5,9		
3	20			20,5	0,5
		5,3	5,4		
4	25,3			25,9	0,4
		5,3	5,0		
5	30,6			30,9	0,3
		4,4	4,7		
6	35			35,6	0,4
		5	4,3		
7	40			39,9	0,2
		3,5	4,1		
8	43,5			44,0	0,3
		4,5	3,8		
9	48			47,8	0,2
		3,5	3,6		
10	51,5			51,4	0,2
		3,5	3,4		
11	55			54,8	0,2
		3,5	3,2		
12	58,3			58,0	0,1
		3,2	3,1		
13	61,5			61,1	0,1
		2,2	3,0		
14	63,7			64,1	0,2
		2,8	2,8		
15	66,5			66,9	0,1
		3,5	2,7		
16	70			69,4	0,0
		2,5	2,7		
17	72,5			72,3	0,1
		2,5	2,6		
18	75			74,9	0,0
		2,5	2,6		
19	77,5			77,5	0,1
		2,5	2,5		
20	80			80,0	

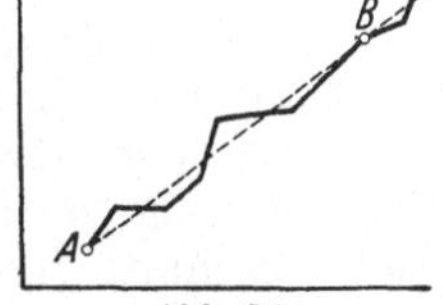

Abb. 24.

---

[1] hm = Hektometer (1 hm = 100 m).

ein (Abb. 25), so ergeben sich nur unwesentliche Unregelmäßigkeiten. Bildet man aber die erste Differenzenreihe und trägt diese Differenzen in geeignetem Maßstab als Ordinaten über den Abszissen T auf, so erhält man eine Zickzacklinie (Abb. 26), durch die sich leicht eine ausgleichende Linie legen läßt. Man geht dabei in der Weise vor, daß man zunächst einmal die Mittelpunkte der die „Zickzackkurve" bildenden Geradenstücke verbindet. Es ergibt sich dabei bereits eine leidlich stetige Kurve, die leicht nach Augenmaß weiter ausgeglichen werden kann. Dieser ausgeglichenen Kurve für die erste Differenzenreihe entnimmt man die ausgeglichenen Ordinatenunterschiede, die man alsdann zur Berechnung der ausgeglichenen Weglängen s benutzt. Daß der so erreichte Fehlerausgleich schon ein ganz befriedigender ist, beweist die Bildung der Differenzen $\varDelta\varDelta s$ (Tabelle 1, Spalte 6 = 2. Differenzenreihe).

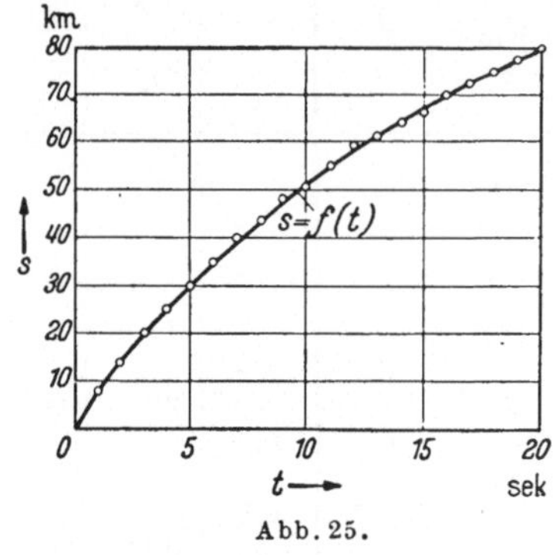

Abb. 25.

d) Trägt man die Differenzen $\varDelta\varDelta s$ wiederum in ein r. K. S. ein, so kann man die auftretenden Unstetigkeiten erneut auf die beschriebene Weise ausgleichen und danach zunächst die $\varDelta s$ und dann weiter über diese die Werte von s nochmals verbessern.

6. Die Verstreckung von Kurven und Kurvenscharen. a) Die Aufgabe, eine vorgelegte Kurve in eine Gerade umzuformen oder, wie man sagt, die Kurve zu verstrecken, kann auf zwei Wegen gelöst werden, nämlich einmal *rechnerisch*, dann aber auch rein zeichnerisch: *graphisch*. Beide Lösungsmöglichkeiten gehen vielfach Hand in Hand.

b) Die Gleichung einer Geraden im regulären rechtwinkligen Koordinatensystem (r. K. S.) liegt vor, wenn irgendeine Beziehung ersten Grades zwischen den Veränderlichen x und y gegeben ist, also etwa die Form

$$y = ax + b . \qquad (6)$$

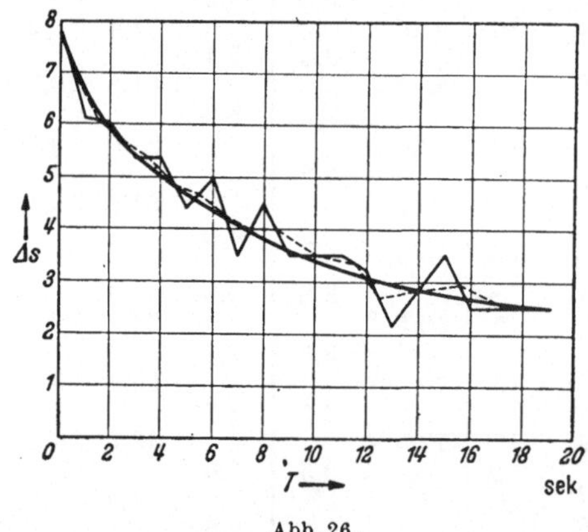

Abb. 26.

Aus dieser Gleichung entsteht nun die gerade Linie in der Weise, daß man bei gegebenem a und b für die eine Veränderliche, gewöhnlich für das Argument x, beliebige Werte annimmt, die zugehörigen Werte für y errechnet und die gefundenen Wertpaare in ein rechtwinkliges Achsenkreuz mit gleichmäßig (regulär) geteilten Achsen einträgt; die y-Werte als Ordinaten und die x-Werte als Abszissen. Dort, wo die Ordinate und die Abszisse sich schneiden, liegt jeweils der durch diese Koordinaten bestimmte Punkt. Durch Verbindung der Einzelpunkte entsteht dann die Gerade, deren Lage in der Ebene durch die Parameter a und b in jedem Einzelfalle eindeutig bestimmt ist. Die Richtungskonstante a bestimmt die Richtung, b den Abschnitt der Geraden auf der y-Achse. Für die Richtungskonstante a und den Winkel α, den die Gerade mit der $+ x$-Achse einschließt, besteht die Beziehung

$$a = \operatorname{tg} \alpha . \qquad (7)$$

Sobald es also gelingt, eine vorgelegte Gleichung auf die Form $y = ax + b$ zu bringen, läßt sich diese auch als Gerade in einem regulären r. K. S. darstellen.

c) Nichtlineare Zusammenhänge lassen sich aber nicht ohne weiteres auf die Normalform der Gleichung (6) bringen; durch keinen rechnerischen Kniff wäre das möglich, wohl aber formal, rein äußerlich. Wir betrachten z. B. den quadratischen Zusammenhang

$$y = a\,x^2 + b\,.$$

Setzt man hierin

$$Y = y \quad \text{und} \quad X = x^2\,,$$

so geht die gegebene Gleichung mit

$$Y = aX + b$$

zunächst einmal der Form nach in die Gleichung einer geraden Linie über.

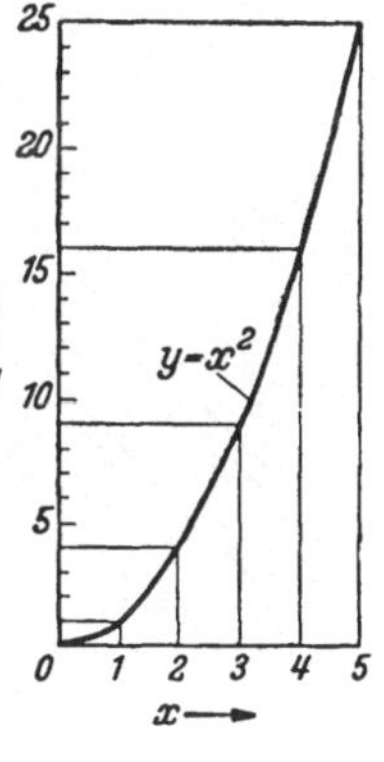

Abb. 27.

d) Wie wirkt sich diese „rechnerische Verstreckung“ nun in der Aufzeichnung der Kurve aus? In der Zeichnung wird die Kurve nur dann zur geraden Linie, wenn die Achsenteilungen entsprechend geändert werden. Die Art der Änderung schreiben offenbar die Substitutionsgleichungen

$$Y = y \quad \text{und} \quad X = x^2$$

vor; sie fordern, daß, um die Gleichung $y = a\,x^2 + b$ als Gerade in einem r. K. S. zu erhalten, die Y-Achse wie bisher regulär nach y geteilt werde. Die X-Achse hingegen muß nach x^2, also quadratisch geteilt werden. Das geschieht auf die Weise, daß man die X-Werte an Stelle der x^2-Werte schreibt, d. h. den X-Wert 5 schreibt man dahin, wo bei regulärer Teilung x^2, also hier 25 stehen würde. Die Abb. 27 und 28 zeigen die Gleichung $y = x^2$ in beiden Darstellungen, nämlich einmal als Parabel im regulären r. K. S., dann als Gerade in einem r. K. S. mit quadratisch geteilter Abszissenachse.

e) Die Teilung der Abszissenachse in unserem Beispiel heißt also „quadratisch“. Entsprechend den verschiedenen Zusammenhängen zwischen x und y sind noch viele andere funktionelle Teilungen möglich, algebraische und transzendente. Von den algebraischen nennen wir: die linearen, quadratischen, kubischen, reziproken, einfachen und zusammengesetzten; von den transzendenten die logarithmischen und die trigonometrischen Teilungen. Sie alle spielen für das graphische Rechnen

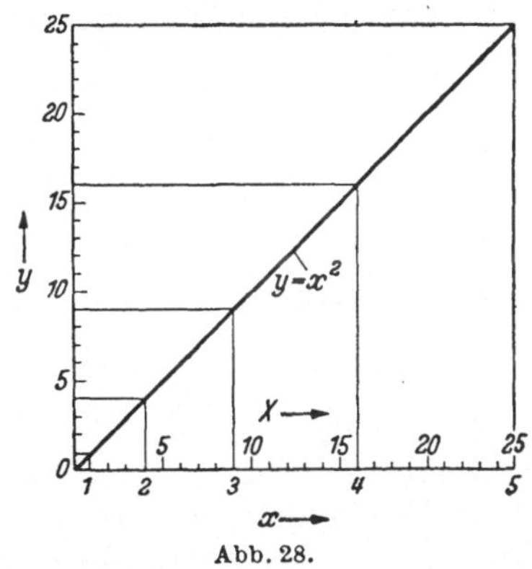

Abb. 28.

eine wichtige Rolle. Ihre Fertigung im Einzelfalle wird im nachstehenden eingehend besprochen.

f) Auch Kurvenscharen kann man auf die gleiche Weise in Scharen von geraden Linien verwandeln. Beispielsweise sei der Zusammenhang

$$(x + y)\,(y - x) = C$$

zu verstrecken. Eine einfache arithmetische Umformung führt zu

$$y^2 = x^2 + C,$$

und wir erkennen, daß mit

$$Y = y^2 \quad \text{und} \quad X = x^2$$

die gegebene Gleichung in die einer Geraden übergeht. Beide Achsen sind also quadratisch zu teilen. Alle Geraden sind alsdann um 45^0 gegen die X-Achse geneigt. Sie schneiden die y-Achse bei den einzelnen C-Werten. Da aber eine y-Teilung nicht vorhanden ist, sondern nur eine solche für $Y = y^2$, werden die einzelnen Geraden die Y-Achse jeweils bei $\sqrt{C}$ schneiden.

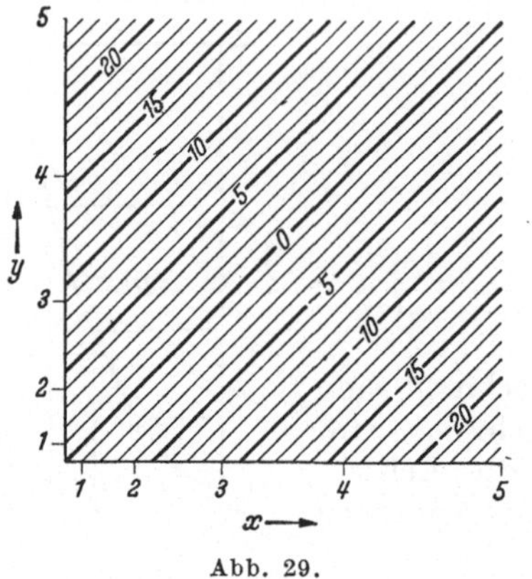

Abb. 29.

Abb. 29 bestätigt die Richtigkeit dieser Überlegungen. In unseren Beispielen sind die Teilungen und die Teilwerte für Y und X nicht mit eingetragen worden. Das ist auch nicht nötig, denn die funktionellen Teilungen geben in Verbindung mit den Geraden zahlenmäßig genau dieselben Verhältnisse wieder wie die Kurvenscharen im regulären r. K. S.

g) Die Verstreckung gegebener Kurven kann auch rein graphisch erfolgen. Das graphische Verfahren kommt vor allem dann zur Anwendung, wenn der Zusammenhang formelmäßig nicht bekannt ist, also vorwiegend bei empirisch, d. h. durch Versuche ermittelten Zusammenhängen. Abb. 30—32 erläutern das Verfahren an einer Einzelkurve. Man zeichnet zunächst die die Kurve ersetzende Gerade, die eine beliebige Neigung gegen die x-Achse haben kann. Dann wählt man die Teilung der einen Achse beliebig und entwickelt dann die Teilung der anderen Achse unter Beachtung des Gesichtspunktes, daß jetzt die Gerade genau dieselben x- und y-Werte einander zuordnen muß, wie es die Kurve tat.

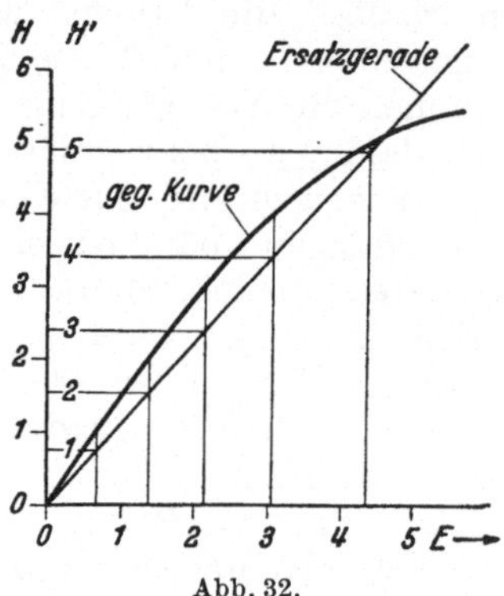

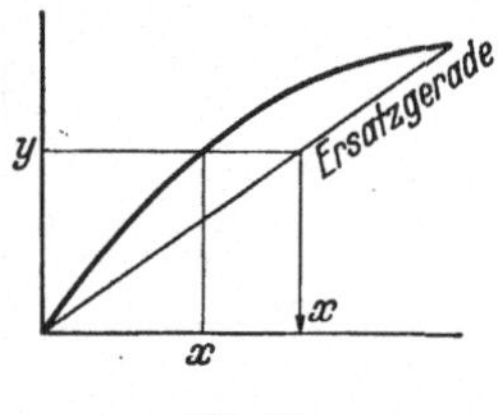

Abb. 30.

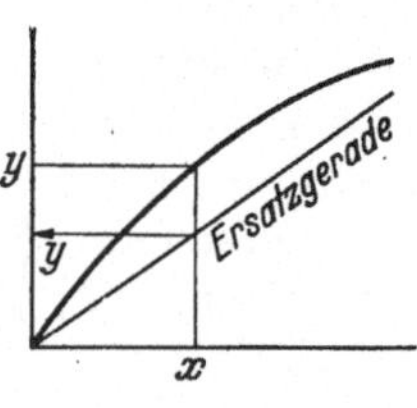

Abb. 31.

Abb. 32.

h) Bei der Verstreckung von Einzelkurven kommt man unter allen Umständen mit der Umteilung nur *einer* Achse aus. Bei *zwei* Kurven geht man folgendermaßen vor: Man zeichnet sich in hinreichend großem Maßstab (Abb. 33) ein Achsenkreuz und trägt dort in den I. Quadranten die beiden Kurven K_1 und K_2 sowie die Teilungen der X- und Y-Achse ein. Dann verbindet man abwechselnd Punkte mit gleichen Abszissen und solche mit gleichen Ordinaten auf den beiden Kurven, in der Abbildung die Punkte 1, 2,

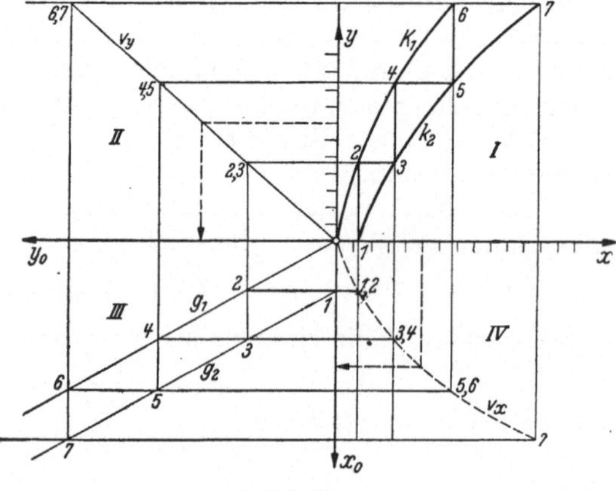

Abb. 33.

3, 4, 5, 6 und 7, derart, daß ein stufenförmiges Gebilde entsteht. Weiter trägt man in den III. Quadranten zwei beliebige Gerade G_1 und G_2 ein, welche die ursprünglichen Kurven K_1 und K_2 ersetzen sollen. In diese beiden Geraden zeichnet man nun auf die gleiche Weise, wie vorhin in die Kurven, Stufen ein, und erhält damit die der Darstellung im I. Quadranten genau entsprechenden Punkte 1, 2, 3, 4, usw. Dadurch, daß man nun entsprechende Linien — 2—1, 3—2 usw. — in beiden Darstellungen — verlängert und zum Schnitt bringt, erhält man im II. und IV. Quadranten die einzelnen Punkte der *Verzerrungskurven* V_x und V_y, die zur Übertragung der Achsenteilungen von I. in den III. Quadrante dienen, wie dies die gestrichelten Linien andeuten.

i) Auch zur Verstreckung ganzer *Kurvenscharen* ist das beschriebene Verfahren brauchbar. Dabei wird man zweckmäßig nicht nur zwei Kurven benutzen, sondern wird versuchen, möglichst viele Kurven durch die „Verstufung" miteinander in Verbindung zu bringen (Abb. 34).

7. Der Vorwärtsschnitt als Messungsprinzip. a) Unter einem „Vorwärtsschnitt" versteht man in der Geodäsie die Lösung der Aufgabe, von zwei gegebenen Festpunkten aus die Lage eines dritten Punktes durch Winkelmessung zu bestimmen.

b) Diese Aufgabe ist für die gesamte Messungspraxis von grundlegender Bedeutung; auf ihr beruht z. B. das räumliche Sehen mit zwei Augen, die Photogrammetrie und die Luftbildmessung, beruhen die Peilverfahren zum Zweck der Flugzeugortung vom Boden aus, die optisch-mechanischen Entfernungsmesser und viele andere Geräte; ja sogar jedes Zeigerinstrument benutzt zur Messung das Prinzip: von zwei gegebenen Festpunkten aus die Lage eines dritten Punktes zu bestimmen.

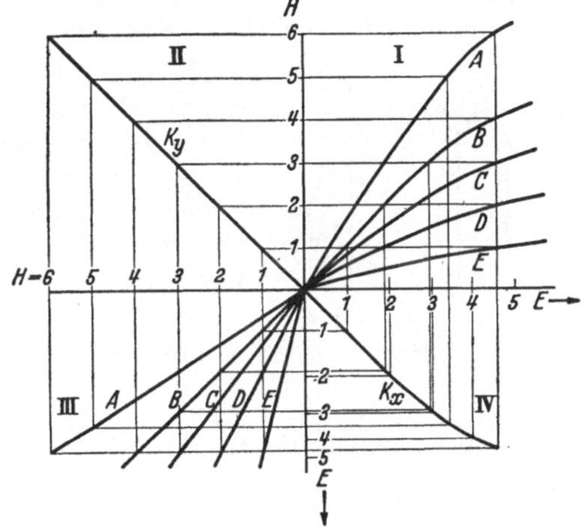

Abb. 34.

c) Die geometrische Lösung der Aufgabe ist nicht schwierig; gegeben seien mit Bezug auf die Abb. 35 die Strecke c, die Winkel α und β; gesucht sind die Strecken a und b.

Die gegebene Strecke $AB = c$ heißt allgemein *Basis*; α und β sind die *Basiswinkel* und γ, der Winkel, unter dem von dem gesuchten Punkt C aus die Basis gesehen wird, der *parallaktische Winkel*.

d) Zunächst ermittelt man aus den Daten den parallaktischen Winkel; er ist

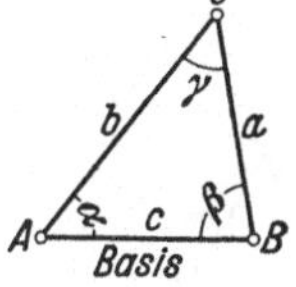

$$\gamma = 180^0 - (\alpha + \beta),$$

und somit wird nach dem Sinussatz der ebenen Trigonometrie

$$a = c \cdot \frac{\sin \alpha}{\sin \gamma}$$

Abb. 35.

oder, da $\sin (180^0 - \varphi) = \sin \varphi$

$$a = c \cdot \frac{\sin \alpha}{\sin (\alpha + \beta)}$$

und entsprechend

$$b = c \cdot \frac{\sin \beta}{\sin (\alpha + \beta)} . \tag{8}$$

e) Die graphische Lösung dieser Aufgabe kann durch eine Rechentafel (Nomogramm) nach Abschnitt 15 erfolgen:

$$\lg a = \lg \sin \alpha - \lg \sin (\alpha + \beta) + \lg c$$

oder, wenn man bei einer konstanten Basis setzt

$$\lg c = C$$
$$\lg a = \lg \sin \alpha - \lg \sin (\alpha + \beta) + C \,.$$

Abb. 36 zeigt die grundsätzliche Anordnung der Leitern, deren Fertigung im III. Kapitel ausführlich behandelt wird.

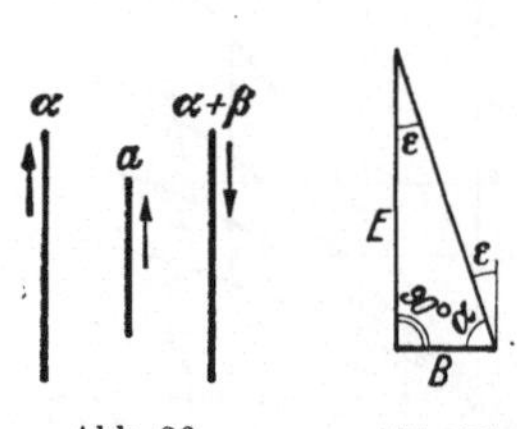

Abb. 36.   Abb. 37.

f) In der Praxis kommt nun häufig der Fall vor, daß die parallaktischen Winkel sehr klein, die Seiten also gegen die Basis sehr lang sind, wie beispielsweise bei den Basisentfernungsmessern für topographische Zwecke. Bei solchen Instrumenten ist die Basis etwa 1—10 m lang, und der Meßbereich umfaßt bis zu mehreren Kilometern. Der eine Basiswinkel ist konstant, und zwar (Abb. 37)

$$\beta = 90^0;$$

durch Messung des andern findet man aus

$$\varepsilon = 90^0 - \alpha$$

unmittelbar den parallaktischen Winkel ε, wegen dessen Kleinheit man statt

$$E = \frac{B}{\operatorname{tg} \varepsilon} \tag{9}$$

mit ausreichender Genauigkeit setzen darf:

$$E = B \cdot \frac{\varrho}{\varepsilon}, \tag{10}$$

worin ϱ und ε in Minuten gemessen werden und

$$\varrho = \frac{180 \cdot 60'}{\pi} = 3438'$$

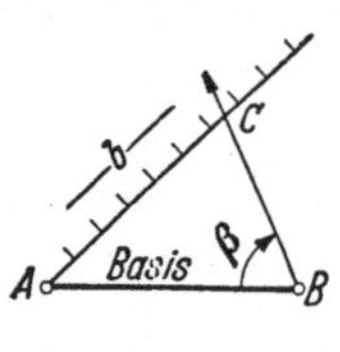

Abb. 38.

eine Konstante ist (s. 1. Teil, S. 19 f.).

Die Gleichung (10) gilt auch für den Fall, daß das Bestimmungsdreieck nicht ein rechtwinkliges, sondern ein gleichschenkeliges ist. Die numerische Auswertung der Gleichung wird unmittelbar vom Instrument bei der Messung des Winkels ε ausgeführt (s. Abschnitt 23).

g) Auch alle Zeigerinstrumente fallen, wie bereits gesagt, unter das Messungsprinzip des Vorwärtsschnitts (Abb. 38). Nur ist hier das „vorwärtsgeschnittene Stück" b nicht mehr eine Gerade, sondern ein Stück eines Kreisbogens (Abb. 39). Die Länge dieses linear oder funktionell geteilten Bogens ist proportional dem Meßwinkel β.

h) Die Skalenteilungen der Zeigerinstrumente entstehen auf folgende Weisen: Entweder auf empirischem Wege, durch Bestimmung einer Anzahl von Skalenwerten durch einen Versuch, bei graphischer Interpolation der übrigen, oder auf rein deduktivem (mathematischem) Wege. Man teilt (oder interpoliert) zunächst eine Gerade von derselben Länge des Kreisbogens. Die gewonnene Teilung überträgt

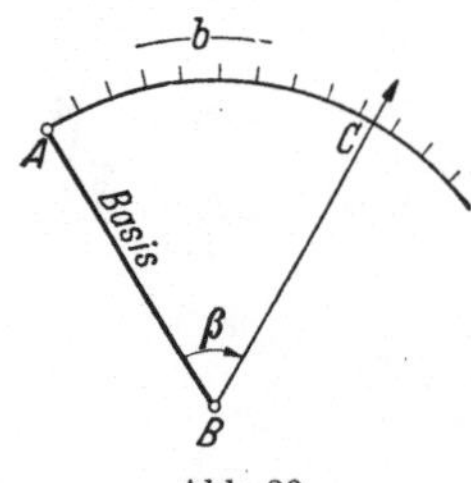

Abb. 39.

man alsdann auf den letzteren. Bei flachen Kreisbögen kann diese Übertragung ebenfalls graphisch erfolgen, und zwar nach demselben Verfahren, das bei der projektiven Teilung (Abschn. 10) beschrieben wird. Abb. 40 zeigt die graphische

Übertragung einer linearen Teilung auf einen Kreisbogen. Das Verfahren ist kein absolut strenges und hat zur Voraussetzung,

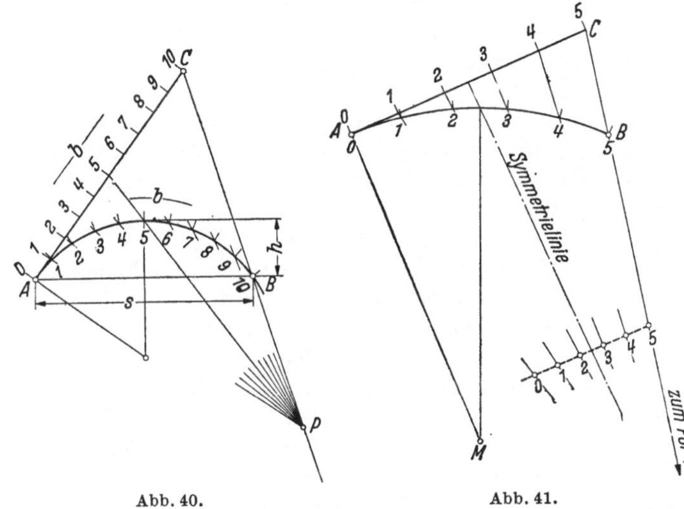

1. daß $AC = \overset{\frown}{AB}$,

2. daß $h \lessgtr \dfrac{s}{4}$.

i) Je flacher der Kreisbogen ist, desto weiter liegt der Pol P, den man als Schnittpunkt der durch zwei Punktpaare gezogenen Strahlen ermittelt, von diesem entfernt. Wenn nun der Pol außerhalb der Zeichenfläche fällt, muß man zu einer Hilfskonstruktion greifen, wie dies in Abb. 41 angedeutet ist. Man zieht zur Symmetrielinie irgendwo eine Senkrechte, teilt sie proportional der zu übertragenden Teilung und findet durch Verbindung der einzelnen Punkte dieser Hilfsteilung mit den entsprechenden der Teilung AC die gesuchten Teilpunkte auf dem Bogen AB.

III. Linien- und Parallelkoordinaten.
A. Funktionsleitern.

8. Allgemeine arithmetische Zusammenhänge. **a)** Die Gleichung

$$y = f(x)$$

sagt zunächst lediglich aus, daß y von x irgendwie abhängig sei, und zwar kann dieser Zusammenhang linear, quadratisch oder sonstwie *algebraisch* sein oder aber auch *transzendent*. Ein Bild von dem Zusammenhang $y = f(x)$ kann man sich im speziellen Falle machen durch Berechnung einer Anzahl zusammengehöriger Wertpaare x und y und durch Zusammenstellung dieser Werte in einer *Tabelle* oder aber, sinnfälliger, durch Eintragung der Wertpaare als Punkte in ein kartesisches Koordinatensystem und Verbindung der einzelnen Punkte durch einen Linienzug, eine *Kurve*.

b) Tabellen und Darstellungen in einem Koordinatensystem sind also wesentliche Hilfsmittel zum Nachweise des Verlaufs irgendeines durch eine Gleichung $y = f(x)$ gegebenen Zusammenhanges.

Nehmen wir die Gleichung

$$y = 3x.$$

Stellt man diese Gleichung — etwa über eine Tabelle — in einem r. K. S. bildlich dar, so kann man ein derartiges *Diagramm* als *Rechenhilfsmittel* benutzen, das zwar wegen der Brechung der bestimmenden Größen — Ordinate und Abszisse — nicht sonderlich bequem ist, dafür aber die Möglichkeit einer Interpolation nach Augenschein bietet (= visuelle Interpolation).

Nun kann man durch Vermittlung der Geraden in unserem Beispiel die Teilung der x-Achse auf die y-Achse projizieren, wie dies in Abb. 42 geschehen ist. Es entsteht eine *Doppelskala*, die den Vorteil hat, daß die jeweils zusammengehörigen Wertpaare unmittelbar beieinander liegen und damit eine bequeme Ablesung zusammengehöriger Wertpaare und auch eine leichte Interpolation gestatten — ausreichenden *Maßstab* und hinreichend weit getriebene *Unterteilung* vorausgesetzt.

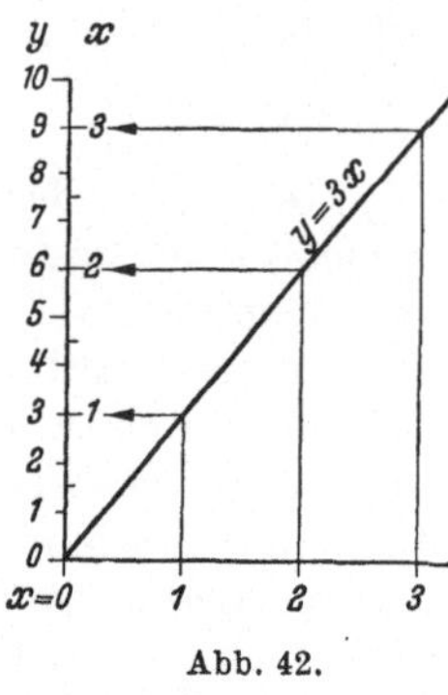

Abb. 42.

c) Betrachten wir die Teilungen der Doppelskala in Abb. 42 genauer, so erkennen wir, daß bei beiden die Intervalle zwischen zwei benachbarten Teilstrichen jeweils gleich große sind: die Teilungen sind *linear*! Allerdings kommen auf *eine* x-Einheit *drei* Einheiten der y-Teilung; die Teilungen sind zwar in ihrer Art gleich, aber sie haben verschiedene Teilungsmaßstäbe oder *Teilungsmoduln* (μ), die sich wie $3:1$ verhalten (vgl. Abschn. 9):

$$\mu_x : \mu_y = 3 : 1 .$$

Offenbar spielt hier der Koeffizient der Variablen x eine Rolle. Daß dem wirklich so ist, läßt sich leicht allgemein nachweisen. Wir wollen hier auf diesen Beweis verzichten und lediglich die Tatsache feststellen, daß ein *Faktor* (Koeffizient, Beiwert) bei einer Variablen keinen Einfluß auf ihre Art an sich, sondern lediglich auf den *Teilungsmodul* der sie darstellenden Skala hat.

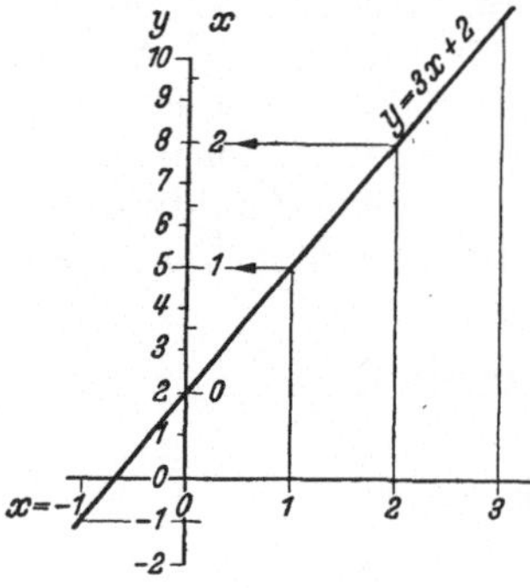

Abb. 43.

d) Wir betrachten nun die auf die gleiche Weise entstandene Doppelskala für

$$y = 3x + 2$$

(Abb. 43). Wir stellen fest, daß durch die additive Konstante eine Änderung weder des Charakters noch der Moduln der Teilungen eingetreten ist, daß aber die y-Skala gegen die x-Skala verschoben ist, und wir ziehen den — gleichfalls wieder allgemeingültigen Schluß, — daß eine *additive Konstante* bei einer der Variablen lediglich eine *Verschiebung* der Skalen gegeneinander zur Folge hat.

e) Das beschriebene Verfahren der Ableitung einer Doppelskala aus einer vorgelegten Geraden oder Kurve ist immer möglich, auch da, wo lediglich die Kurve gegeben und der formelmäßige Zusammenhang nicht bekannt ist. Auch bei nicht linearen Zusammenhängen ist es in der gleichen Weise anwendbar.

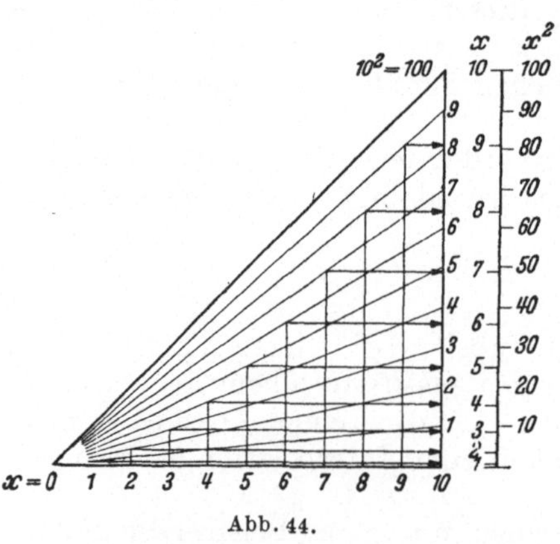

Abb. 44.

f) Für manche Zusammenhänge hat man auch besondere Verfahren erdacht, die unter Umgehung der Kurvenaufzeichnung auf Grund besonderer geometrischer Beziehungen unmittelbar die gesuchten funktionellen Teilungen zu entwickeln gestatten. Unsere Abb. 44 zeigt die Entwicklung der *quadratischen Teilung* für $y = x^2$ und $x]_0^{10}$ auf Grund einer Parabelkonstruktion. Den Beweis für die Richtigkeit der Konstruktion erbringen wir an Hand der Abb. 45: Hier sind gegeben:

1. Die Strecke $AB = a$, und
2. die Strecke $BC = a^2$, senkrecht zu AB und von der für a^2 vorgeschriebenen Länge.

Aus der Abbildung ist unmittelbar abzulesen

$$\frac{EJ}{DB} = \frac{AJ}{AB}$$

oder, nach Einführung der Werte für diese Strecken,

$$\frac{y}{n \cdot a^2} = \frac{n \cdot a}{a}; \quad (n < 1).$$

Hieraus:

$$y = (n \cdot a)^2,$$

das heißt: ist BC auf der einen Seite regulär von 0 bis a, auf der anderen Seite ebenso von 0 bis a^2 geteilt, so ordnet die in der Abb. 45 angedeutete und in Abb. 44 ausgeführte Konstruktion auf der Doppelskala BC grundsätzlich den x-Werten auf der einen Seite grundsätzlich die zugehörigen x^2 auf der anderen Seite zu.

g) Meist ist es aber bequemer und liegt auch im Interesse der Genauigkeit, wenn auf eine geometrische Konstruktion verzichtet und die gesuchte Skala unmittelbar auf Grund der Tabelle gefertigt wird. Die Abb. 46 zeigt die so entstandene Doppelskala für

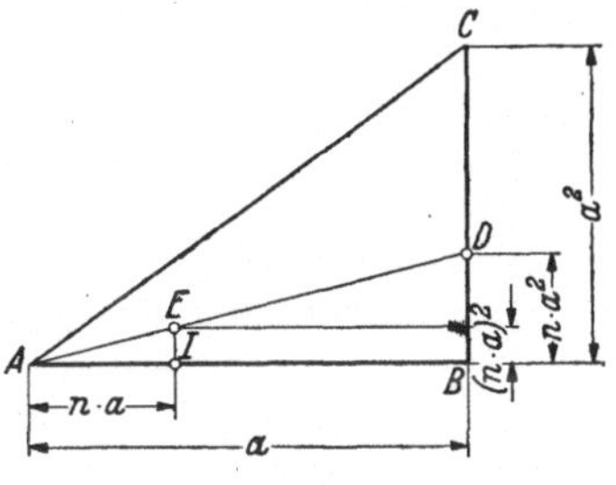

Abb. 45.

$$y = x^3$$

für $x]_0^4$. Man geht aus von der linearen Teilung für $f(x)$ und trägt die Werte für x auf Grund der Tabelle an den entsprechenden Stellen ein.

h) Für die Praxis wird man die *Unterteilung* der Skalen so weit treiben, wie es der Zweck jeweils erfordert. Auch der *Maßstab* ist diesem Zweck anzupassen, da ja der Maßstab für die Genauigkeit der Ablesungen ausschlaggebend ist.

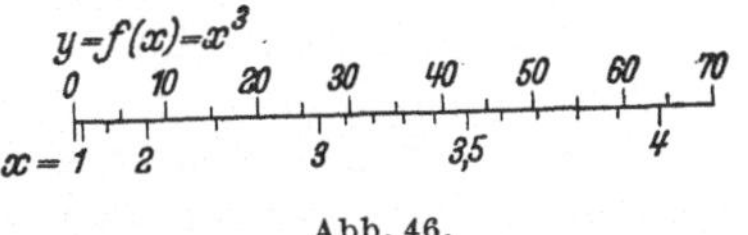

Abb. 46.

Die Abstände zweier benachbarter Teilstriche auf der x-Skala sind in den betrachteten Beispielen nicht mehr gleich; die Teilung ist nicht mehr linear oder regulär, sondern *funktionell*. Man nennt solche Skalen von nicht linearen Zusammenhängen auch *Funktionsleitern*.

Beispiele: 1. Wenn man im Punkte A (Abb. 47) an die Erde eine Tangente legt, so entfernt sich diese mit zunehmender Entfernung E von der Erdoberfläche. Welches Gesetz besteht hierfür?

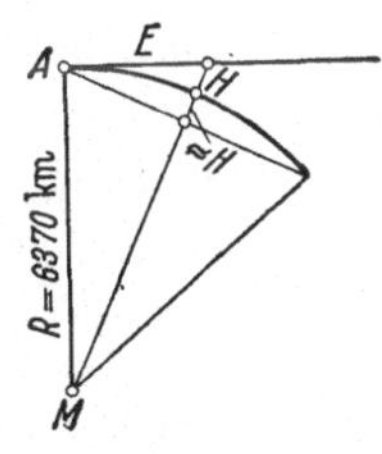

Lösung: Die gesuchte Beziehung $H = f(E)$ läßt sich für den Fall, daß α klein ist ($\alpha < 2°$), einfach durch eine Proportionalrechnung oder auch mit Hilfe des Höhensatzes für rechtwicklige Dreiecke ableiten. Man findet

$$H_{\mathrm{m}} = 0{,}0785\, E^2_{\mathrm{km}},$$

Abb. 47.

wobei man also, wie angedeutet, H in Metern erhält, wenn man E in Kilometern einführt. Die diese Formel auswertende Funktionsleiter kann über eine Tabelle bzw. Kurve, wie dies nachstehend geschehen, entwickelt werden (Tabelle 3 u. Abb. 48).

Tabelle 3.

H m	E km
0	0
5	8
10	11,3
20	16
30	19,7
40	22,6
50	25,2
48,2	25

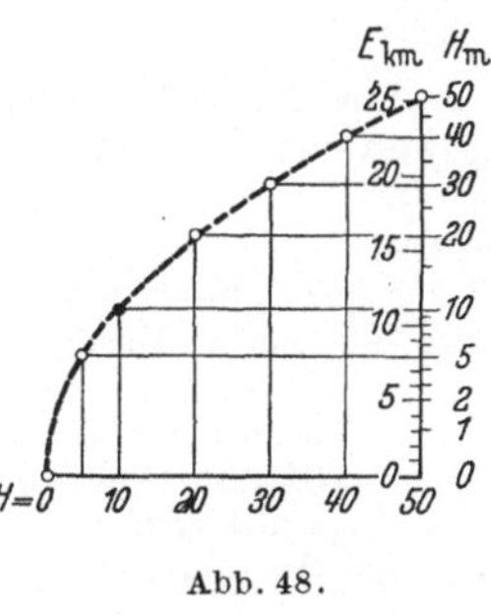

Abb. 48.

2. Bei manchen Arbeiten entsteht auch die Frage: Um wieviel ist der auf der Erdoberfläche gemessene Bogen kürzer als die Tangente?

Lösung: Aus den beiden, unmittelbar aus der Zeichnung (Abb. 49) abzulesenden Beziehungen

$$\frac{B}{R} = \alpha$$

(α im Bogenmaß!) und

$$\frac{E}{R} = \mathrm{tg}\,\alpha \approx \alpha + \frac{\alpha^3}{3}.$$

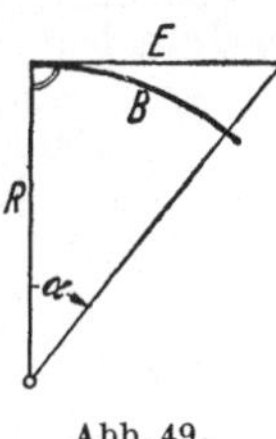

Abb. 49.

2*

Tabelle 4.

$E-B$	B
m	km
0	0
50	182
100	230
200	290
300	332
400	365
500	394

Abb. 50.

folgt

$$\frac{E}{B} = 1 + \frac{\alpha^2}{3}$$

$$E = B + B \cdot \frac{\alpha^2}{3}$$

und weiter

$$E - B = B \cdot \frac{\alpha^2}{3} = B \cdot \frac{B^2}{3\,R^2}$$

$$E - B = \frac{B^3}{3\,R^2}.$$

Mit $R = 6370\,\text{km} = 6370000\,\text{m}$ wird

$$(E - B)_\text{m} = \frac{B^3{}_\text{km} \cdot 10^9}{3 \cdot 40,7 \cdot 10^{12}}$$

$$(E - B)_\text{m} = \frac{B^3{}_\text{km}}{122000}. \tag{11}$$

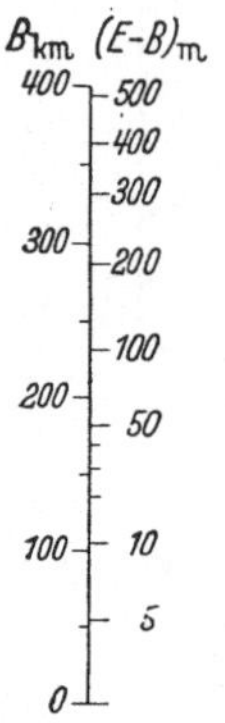

Die Darstellung dieser Gleichung als Funktionsleiter unter Verwendung der Tabelle 4 zeigt Abb. 50.

Wir werden jedoch später (Abschn. 12) sehen, daß sich solche rein potentiellen Zusammenhänge mit Hilfe logarithmischer Teilungen fast ohne Rechenarbeit erheblich bequemer und mit derselben Genauigkeit herstellen lassen wie nach dem hier beschriebenen — allerdings grundlegenden — Verfahren.

9. Der Teilungsmodul. a) In Abb. 48 ist für die Abszisse H ein anderer — größerer — *Teilungsmaßstab* gewählt worden als für die Ordinaten. Es geschah dies, um der Darstellung etwa die gleiche Höhe wie Breite zu geben. Man darf das allgemein tun, weil dadurch der Charakter der Kurve nicht geändert wird, d. h. eine Gerade bleibt eine Gerade usw., lediglich die Neigungsverhältnisse der Tangenten an die dargestellte Kurve werden in der Zeichnung geändert. Auch bei der Doppelskala für $y = 3x$ bemerken wir Ähnliches. Die Einheit für x ist hier dreimal so lang wie die Einheit für die y-Werte. Wir nennen die Zahlen μ_x und μ_y, die das Teilungsmaßstabsverhältnis — hier $3:1$ — ausdrücken, wie schon im Abschn. 7 angegeben, die *Teilungsmoduln.* Also

$$\mu_x : \mu_y = 3 : 1.$$

b) Allgemein verstehen wir unter dem Teilungsmodul die *relative* Länge der Einheit einer gezeichneten oder zu zeichnenden Größe. Die *absolute* Länge, die man für die Einheit wählt, spielt keine Rolle; es ist also gleich, ob diese Einheit das Millimeter, das Zentimeter oder sonst eine Größe ist. Beim Vergleich mehrerer Funktionsleitern ist lediglich das *Verhältnis* der Teilungsmoduln von Wichtigkeit. Dieses Verhältnis kann man bei linearen Zusammenhängen unmittelbar aus den Koeffizienten der Variablen ablesen; aus

$$y = 3x - 7$$

folgt z. B. $\mu_y : \mu_x = 1 : 3 = 2 : 6$ usw.

oder $\mu_y = 1; \quad \mu_x = 3.$

Beispiel: Es seien die Skalen $y = 2x$ und $y = x^2$, und zwar beide für das Intervall $x]_0^{100}$ zu zeichnen; beide Skalen sollen je 100 mm lang werden. Das Verhältnis ihrer Teilungsmoduln berechnet sich dann wie folgt:

a) $y = 2x$ nimmt für $x = 100$ den Wert 200 an.

200 Einheiten sollen demnach 100 mm lang gezeichnet werden,

1 Einheit wird mithin $100/200 = 0,5$ mm lang zu zeichnen sein.

b) $y = x^2$ gibt für $x = 100$ den Wert 10^4.

10000 Einheiten sollen hier als Länge von 100 mm gezeichnet werden,

1 Einheit wäre demnach $100/10000 = 0,01$ mm lang zu zeichnen.

Die Teilungsmoduln beider Skalen verhalten sich somit wie

$$\mu_1/\mu_2 = 0,5/0,01 = 50/1 = 500/10 \text{ usw.}$$

10. Die projektive Teilung. a) Projiziert man — Abb. 51 — von dem Projektionszentrum O die auf einer Geraden G_1 liegenden Punkte A, B, C und D auf die Gerade G_2, wo sich die Punkte A', B', C' und D' ergeben, so sagt man, die beiden Punktreihen seien *projektiv verwandt*, und es läßt sich zeigen, daß entsprechende *Doppelverhältnisse* auf beiden Geraden gleich sind.

b) Fällt man nämlich von O die Höhe h und h' auf die beiden Geraden, so lassen sich die Flächeninhalte der einzelnen Dreiecke je zweimal ausdrücken, und durch Insverhältnissetzen beider Ergebnisse erhält man aus

$$\frac{AC \cdot h}{BC \cdot h} = \frac{OA \cdot OC \cdot \sin\alpha}{OC \cdot OB \cdot \sin\beta}$$

die Gleichung

$$\frac{AC}{BC} = \frac{OA \sin\alpha}{OB \sin\beta}$$

und weiter, für zwei andere Dreiecke

$$\frac{AD}{BD} = \frac{OA \sin\gamma}{OB \sin\delta}.$$

Durch Division beider Gleichungen erhalten wir dann das Doppelverhältnis

$$\frac{AC}{BC} : \frac{AD}{BD} = \frac{\sin\alpha}{\sin\beta} : \frac{\sin\gamma}{\sin\delta}.$$

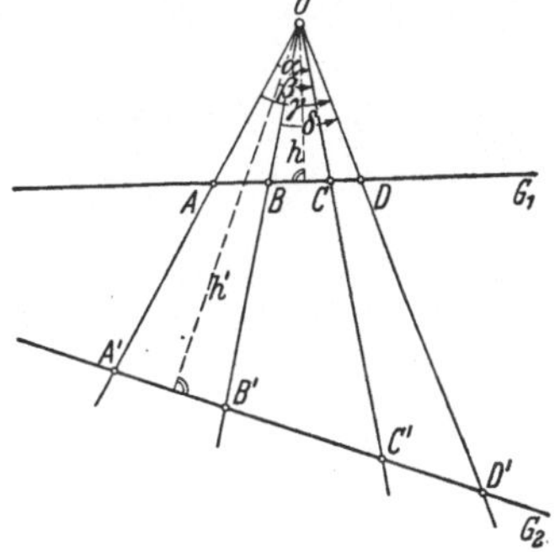

Abb. 51.

Genau dasselbe Doppelverhältnis besteht aber auch für die Dreiecke an der Geraden G_2:

$$\frac{A'C'}{B'C'} : \frac{A'D'}{B'D'} = \frac{\sin\alpha}{\sin\beta} : \frac{\sin\gamma}{\sin\delta},$$

so daß wir schließlich haben

$$\frac{AC}{BC} : \frac{AD}{BD} = \frac{A'C'}{B'C'} : \frac{A'D'}{B'D'}, \tag{12}$$

d. h.: *Bei projektiven Punktreihen sind entsprechende Doppelverhältnisse gleich.*

c) Kennt man also auf einer Geraden G_1 die Punkte A, B, C und D, auf einer anderen Geraden G_2 die den genannten projektiv zugeordneten Punkte A', B' und C', so läßt sich der dem vierten Punkte D zugeordnete Punkt D' mit Hilfe des Projektionspoles O und des durch O und D gezogenen Projektionsstrahles finden.

d) Es läßt sich nun zeigen, daß in dem Ausdruck

$$F(x) = \frac{m f(x) + n}{p f(x) + q}, \tag{13}$$

worin[1] mq oder $np \neq 0$, die Werte $F(x)$ und $f(x)$ projektiv verwandt sind. Es besteht nämlich zwischen vier Punkten x_1, x_2, x_3 und x_4 auf der Geraden für $F(x)$ und vier Punkten auf der für $f(x)$ die Doppelverhältnisgleichung

$$\frac{F(x_1) - F(x_3)}{F(x_2) - F(x_3)} : \frac{F(x_1) - F(x_4)}{F(x_2) - F(x_4)} = \frac{f(x_1) - f(x_3)}{f(x_2) - f(x_3)} : \frac{f(x_1) - f(x_4)}{f(x_2) - f(x_4)},$$

was sich dadurch erweisen läßt, daß man für

$$F(x_1) \text{ den Wert } \frac{m f(x_1) + n}{p f(x_1) + q} \text{ usw.}$$

einsetzt und feststellt, daß nach entsprechender Vereinfachung die linke Seite gleich der rechten wird.

e) Für die Rechenpraxis bedeutet das, daß die Beziehung (13) als projektive Doppelteilung nach der durch Abb. 51 gegebenen Anweisung dargestellt werden kann. Bekannt müssen (mindestens) drei zusammengehörige Wertpaare sein; die

---

[1] Das Zeichen $\neq$ bedeutet: nicht gleich.

einem 4., 5., 6. usw. x-Wert zugeordneten $F(x)$-Werte findet man dann gemäß Abb. 47. Analytisch betrachtet kennzeichnet der durch Gleichung (13) gegebene Zusammenhang eine *Hyperbel*.

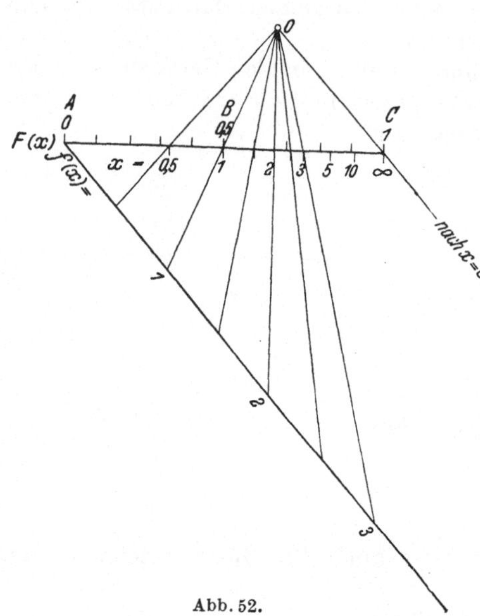

Abb. 52.

Beispiel: Mit $f(x) = x$; $m = p = q = 1$ und $n = 0$ wird

$$F(x) = \frac{x}{x+1}.$$

1. Die Berechnung von drei Wertpaaren ist in nachstehender Tabelle erfolgt. Die Konstruktionszeichnung (Abb. 52) entsteht danach wie folgt:

2. Auftragen der drei Punkte A, B und C der $F(x)$-Teilung auf der Geraden AC.

3. Auftragen einer zweiten Geraden in A unter einem beliebigen Winkel gegen AC. Teilung derselben nach $f(x)$, also hier regulär nach x. Die Nullpunkte beider Teilungen fallen ·zusammen ($= 1$. Wertpaar!).

4. Konstruktion des Projektionspoles O durch Verbinden der Punkte $x = 1$ und $x = \infty$ der regulären $f(x)$-Teilung mit den entsprechenden Punkten B und C der $F(x)$-Teilung.

5. Unterteilung der $F(x)$-Skala durch Ziehen der Projektionsstrahlen durch die übrigen Punkte der $f(x)$-Teilung.

$f(x)=x$	$x+1$	$F(x)$
0	1	0
1	2	0,5
∞	∞	1

Man beachte, daß bei derartigen Leitern die Teilung für $F(x)$ *regulär*, die für $f(x)$ *funktionell* erscheint!

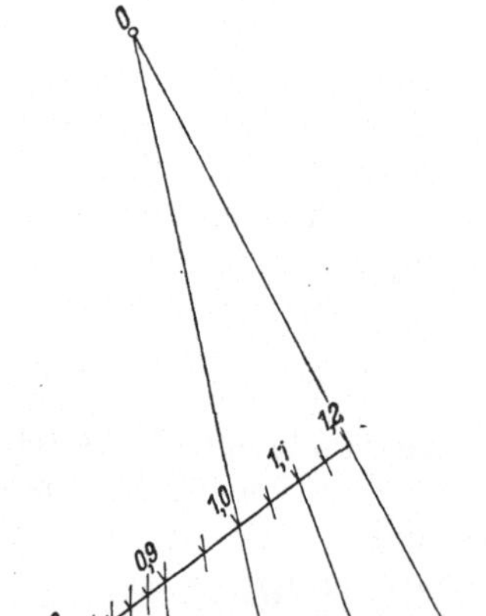

Abb. 53.

Beispiel: Die Teilung für ein Flüssigkeitsaräometer folge der Gleichung

$$l_{\text{mm}} = 215\left(\frac{1}{\gamma} - 1\right).$$

Die Lösung gestaltet sich nach der zum vorigen Beispiel gegebenen Anweisung wie folgt:

1. Berechnung der Wertpaare:

Punkt	γ	$1/\gamma$	$1/\gamma - 1$	l mm
P_1	0,8	1,25	0,25	53,7
P_2	1,0	1,0	0,00	0,0
P_3	1,2	0,833	—0,167	—35,8

2. Auftragen (Abb. 53) der regulären Teilungen für l in natürlicher Größe, für γ in beliebigem Maßstab. Aufsuchen des Pols O, Ziehen der Polstrahlen zu den Zwischenpunkten der regulären γ-Teilung und damit Auffinden der zugehörigen Längen l.

f) Gelegentlich kommt es vor, daß der Pol außerhalb der Zeichenebene zu liegen kommt. In diesem Falle muß man zu einer Hilfskonstruktion greifen, um die Polstrahlen der Zwischenpunkte zeichnen zu können. Das folgende Beispiel erläutert das Verfahren.

Gegeben seien auf der projektiv zu teilenden Geraden g_0 die Punkte A, B und C (Abb. 54). Die linear geteilte Gerade zur Übertragung der Zwischenpunkte sei g_1. D und E sind darauf die Punkte, die den Punkten B und C auf der Geraden g_0 entsprechen. Der Pol, den man als Schnitt der Verlängerungen von BD und CE finden würde, liegt außerhalb der Zeichenebene. Die Hilfskonstruktion nun besteht darin, daß man parallel zu g_1 eine Hilfsgerade g_2 zieht, die die beiden, den Pol bestimmenden Strahlen BD und CE in F und G schneidet. Das Stück FG teilt man in genau so viel Teile wie DE enthält und extrapoliert bis zu dem dem Punkte A entsprechenden Punkte H. Dann verbindet man die entsprechenden Punkte der Geraden g_2 und g_1 und findet die gewünschte Unterteilung der Geraden g als Schnittpunkte dieser Verbindungen mit g_0. (Vgl. auch Abb. 41!)

11. Die graphische Interpolation. a) Außer zur Darstellung tatsächlich hyperbolischer Zusammenhänge wird die projektive Teilung auch mit Vorteil zur graphischen Interpolation von Teilungen beliebigen Ursprungs benutzt. Daß dies mit guter Annäherung möglich ist, hat seine Ursache darin, daß die Hyperbel sich wegen ihrer eigenartigen Krümmungsverhältnisse vielen Kurven innerhalb weiter Bereiche eng anschmiegt und diese daher innerhalb dieser Bereiche zu ersetzen vermag. Sogar

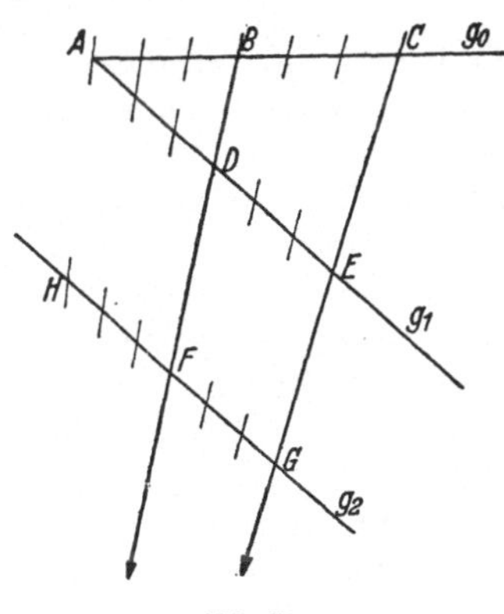

Abb. 54.

die logarithmische Linie kann innerhalb weiter Grenzen durch die Hyperbel ersetzt werden (vgl. Abschn. 12). Weiter wird man vor allem bei empirisch, d. h. durch Versuch gefundenen Teilungen von der angedeuteten Möglichkeit Gebrauch machen.

b) Hat man von einer projektiven oder auch nur genähert projektiven (= quasiprojektiven) Teilung drei aufeinander folgende Punkte, so lassen sich beliebige Zwischenpunkte unschwer mit Hilfe der in Abb. 55 dargestellten Strahlenfigur interpolieren. Auf jeder das Strahlenbündel schneidenden Geraden sind die Schnittpunkte der Geraden mit dem Strahlenbündel einander projektiv zugeordnet. Man braucht also die drei Punkte nur auf einen Papierstreifen zu übertragen und diesen Streifen so über die Figur zu legen, daß durch die Punkte die entsprechenden Strahlen hindurchgehen; danach überträgt man die Zwischenpunkte von der Strahlenfigur auf den Papierstreifen, und von hier schließlich in die zu interpolierende Teilung.

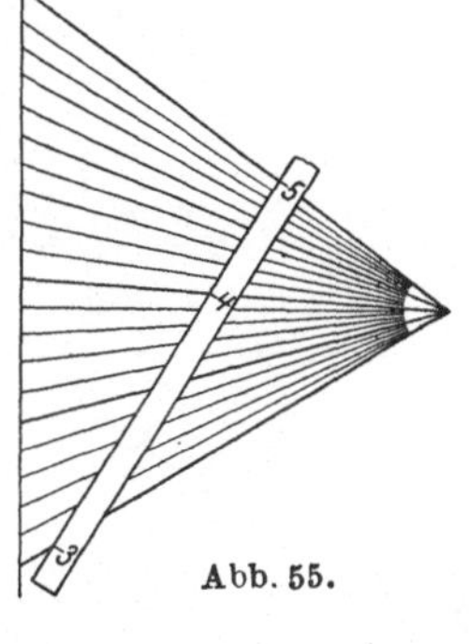

Abb. 55.

c) Wenn nun der untersuchte Zusammenhang nicht streng hyperbolisch ist, so zeigt sich das bei der Bestimmung des Poles aus einer Mehrzahl von Bestimmungspunkten dadurch, daß sich mehrere Pole ergeben. Sie liegen auf einer *Kurve*, auf der dann jedem Punkt der Teilung ein besonderer Pol zugeordnet ist. Die hiernach erforderliche Teilung dieser Polkurve läßt sich unschwer empirisch durchführen. Oft genügen schon *zwei* Pole, um die Teilung mit ausreichender Genauigkeit vorzunehmen.

Ein Beispiel hierfür ist die Abb. 64 im folgenden Abschn. 12.

d) Die oben erwähnte Polkurve kann man auch durch eine zweite, linear geteilte Gerade g_2 ersetzen, die aber — im Gegensatz zu Abb. 54 — gegen die Gerade g_1 etwas geneigt sein wird. Wie man deren Lage findet, möge an einem Beispiel erläutert werden:

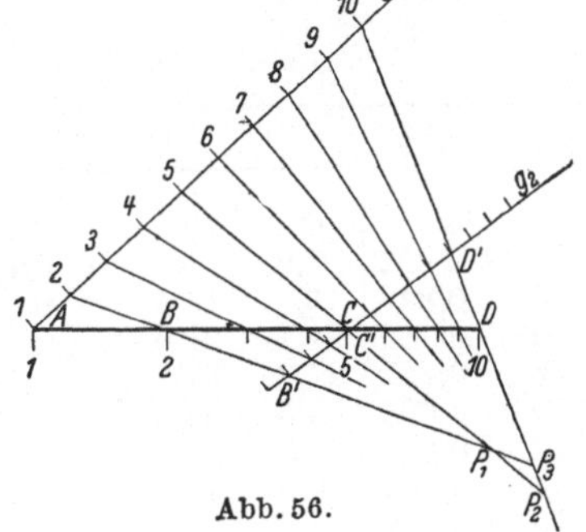

Abb. 56.

Von einer Teilung $y = f(x)$ seien der Skalenträger gegeben (Abb. 56) und darauf die Punkte

$$A \text{ für } x_1 = 1 \qquad\qquad C \text{ für } x_3 = 5$$
$$B \ ,, \ \ x_2 = 2 \qquad\qquad D \ ,, \ \ x_4 = 10$$

Faßt man die Teilung als projektive Teilung auf und wollte man in der bekannten Weise aus den gegebenen Punkten A, B, C und D sowie der Hilfsteilung auf g_1 bestimmen, so würde man finden, daß sich mehrere Pole ergeben; aus den Polgeraden durch B und C erhält man den Pol P_1, aus denen durch C und D den Pol P_2 und schließlich aus denen durch B und D den Pol P_3. Die Teilung ist eben keine streng projektive! Man verzichtet hier also auf die Polkonstruktion und verwendet eine zweite Hilfsgerade g_2, die genau wie g_1 nur in einem etwas kleineren, aber sonst beliebigen Modul geteilt ist. Man zeichnet sie auf einen Streifen Papier, den man so über die Figur legt, daß die entsprechenden „Polgeraden" durch die Punkte B', C' und D' gehen (in unserer Abb. 56 fallen C und C' zufällig zusammen). Man läßt, um die richtige Lage des Papierstreifens zu finden, B' auf der Geraden $2-P_1$ und C' auf der Geraden $5-P_1$ so lange entlanggleiten, bis D' genau auf die Gerade $10-P_2$ zu liegen kommt. Ist diese Lage gefunden, so überträgt man sämtliche Teilpunkte der Hilfsgeraden g_2 in die Figur, verbindet sie mit den entsprechenden Teilpunkten auf g_1 und findet in dem Schnitt dieser Verbindungen mit dem Skalenträger die gesuchten Zwischenpunkte der Teilung.

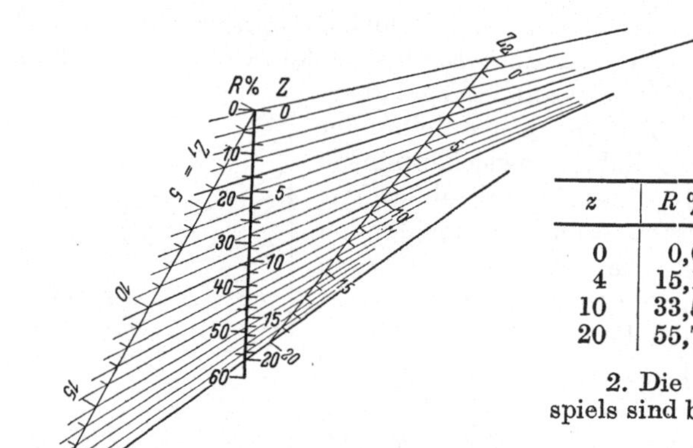

Abb. 57.

z	$R\,\%$
0	0,0
4	15,1
10	33,5
20	55,7

Beispiel: 1. Nebenstehende Wertpaare sollen als Doppelskala gezeichnet werden. Die Zwischenpunkte für geradzahlige z sind zu interpolieren.

Lösung: S. Abb. 57.

2. Die Wertpaare des vorstehenden Beispiels sind berechnet auf Grund der Beziehung

$$R = 1 - \left(1 - \left(\frac{n_s - 1}{n_s + 1}\right)^2\right)^z$$

für $n_s = 1,5$. Sie stellen die Reflexionsverluste an Glas–Luft-Flächen in Abhängigkeit von der Zahl der Flächen z dar. Wie genau stellt die projektive Skala diesen exponentiellen Zusammenhang dar?

	$R\,\%$			
z	$0,96^z$	soll	ist	Δ
0	0	0	0	0
2	0,922	7,8	7,7	$+\,0,1$
4	0,849	15,1	15,1	0
6	0,783	21,7	21,6	$+\,0,1$
8	0,722	27,8	27,8	0
10	0,665	33,5	33,5	0
12	0,613	38,7	38,6	$+\,0,1$
14	0,565	43,5	43,6	$-\,0,1$
16	0,522	47,8	47,8	0
18	0,480	52,0	51,7	$+\,0,3$
20	0,443	55,7	55,7	0

Lösung: $R = 1 - \left(1 - \left(\dfrac{0,5}{2,5}\right)^2\right)^z = 1 - 0,96^z$

Der tabellarischen Auswertung ist wohl nichts hinzuzufügen.

12. Die logarithmische Teilung. a) Die logarithmische ist eine der für das graphische Rechnen wichtigsten Teilungen überhaupt, da man durch Logarithmieren potentielle und auch exponentielle Zusammenhänge leicht in eine für die graphische Auswertung bequeme Form bringen kann.

b) Genau können logarithmische Teilungen nur auf Grund einer Tabelle gefertigt werden. Abb. 58 zeigt die auf Grund der Tabelle 5 gefertigte Teilung. Für praktische Zwecke dürfte indes die hier gewählte Unterteilung kaum ausreichen; wie man die Unterteilung auch ohne eine Tabelle rein graphisch weitertreiben kann, wurde im Abschn. 11 gezeigt.

Tabelle 5.

x	$\lg x$
1	0
2	0,301
3	0,477
4	0,602
5	0,699
6	0,778
7	0,846
8	0,903
9	0,954
10	1,000

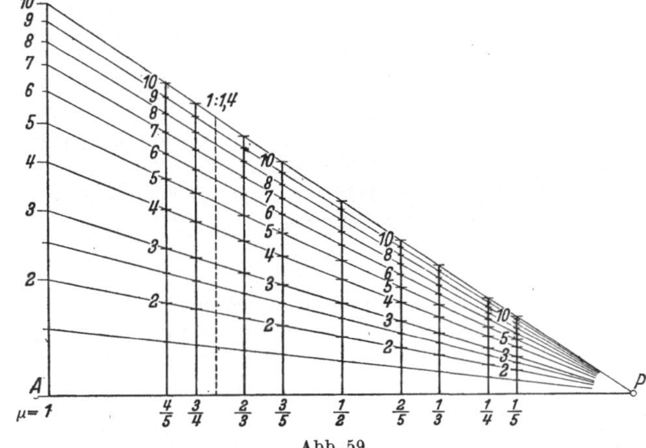

Abb. 58.   Abb. 59.

Auch die logarithmischen Teilungen werden fast immer als selbständige Achsenteilungen und dann *ohne* die lineare Skala für die Funktionswerte verwendet; beim logarithmischen Rechenschieber ist das ebenfalls so.

c) Wenn man des öfteren logarithmische Teilungen braucht, wird man sich solche mit verschiedenen Teilungsmoduln auf Zeichenpapier aufzeichnen, wie dies Abb. 59 zeigt, und von dort jeweils an die Stelle übertragen, wo die betreffende Teilung benötigt wird. Dem Modul 1 entspricht für praktische Zwecke etwa die Teilungslänge von 25 cm.

1. Beispiel: Es sei der Zusammenhang

$$f = 0,3 \cdot B^{1,4}$$

für den Bereich $B]_{10^3}^{10^5}$ als Doppelskala darzustellen.

Lösung: Durch Logarithmieren geht die vorgelegte Gleichung über in

$$\lg f = 1,4 \cdot \lg B + \lg 0,3 .$$

Aus dieser Gleichung sind nach früheren Ausführungen die erforderlichen Teilungsmoduln unmittelbar abzulesen:

$$\mu_f = 1; \quad \mu_B = 1,4 .$$

Die Teilung für f ist also eine logarithmische im Modul $\mu_f = 1$; die für B eine ebensolche, aber im Modul $\mu_B = 1,4$. Wegen der additiven Konstanten $\lg 0,3$ fallen die Anfangspunkte der logarithmischen Einheiten (Zehnerpotenzen für f und B!) nicht zusammen, sondern sind um den Betrag $\lg 0,3$, gemessen auf der f-Teilung, gegeneinander verschoben.

Nun ist der Teilungsmodul 1,4 derart ausgefallen, daß man ihn gewöhnlich nicht „vorrätig" haben wird. Er ist aber leicht in die Zeichnung Abb. 59 einzutragen, wenn man die dort eingeschriebenen Moduln verdoppelt. Dann entspricht die Länge $AP = 375$ mm dem Modul 2 und die Länge $\dfrac{375}{2} \cdot 1,4 = 263$ mm dem Modul 1,4. (Abb. 59 ist im Maßstab 1 : 5 gezeichnet.)

Die auf Grund dieser Überlegungen gefertigte Funktionsleiter zeigt Abb. 60.

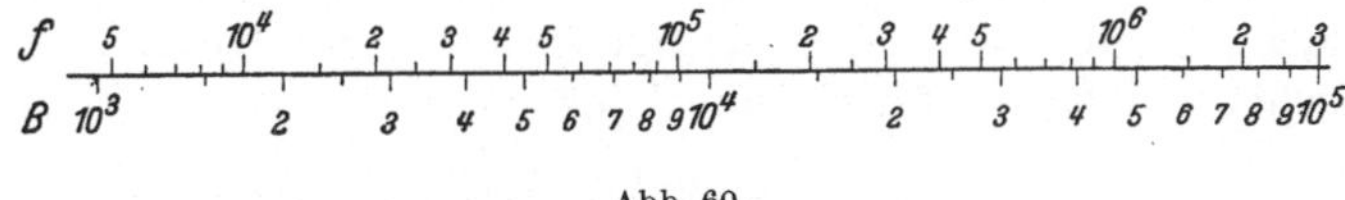

Abb. 60.

2. Beispiel: Die bereits früher (Abschn. 8) behandelte Gleichung

$$H_\mathrm{m} = 0,0785 \, E_\mathrm{km}^2$$

soll durch eine logarithmische Skala dargestellt werden.

Lösung: Aus

$$\lg H = 2 \cdot \lg E + \lg 0{,}0785$$

folgt $\mu_H = 1;\quad \mu_E = 2.$

Die H-Skala ist um $\lg 0{,}0785$ gegen die B-Skala verschoben, doch wird man auch hier wieder die Verschiebung besser durch Berechnung von ein oder zwei Werten bestimmen. Die gezeichnete Skala siehe Abb. 61.

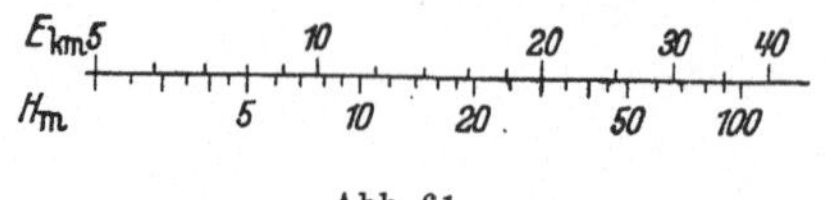

Abb. 61.

Abb. 62.

3. Beispiel: Die Gleichung (11)

$$(E - B)\mathrm{m} = \frac{B^3_{\ \mathrm{km}}}{122\,000}$$

soll als logarithmische Doppelskala dargestellt werden.

Lösung:

$$\lg(E - B) = 3 \lg B - \lg 122\,000$$

$$\mu_{(E-B)} = 1;\quad \mu_B = 3.$$

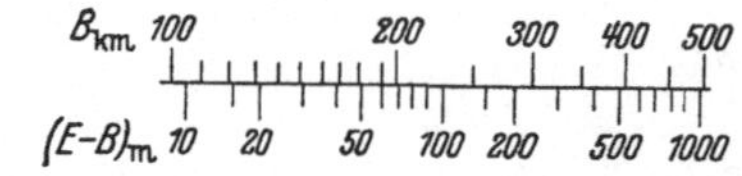

Die Verschiebung der Skalen gegeneinander wird wieder auf Grund der Berechnung eines oder zweier Beispiele bestimmt (Abb. 62).

4. Beispiel: In dem hyperbolischen Zusammenhang

$$y = \frac{a}{x}$$

soll a ein veränderlicher Parameter sein. Die Darstellung in einem regulären r.K.S. ergibt alsdann eine Schar von Hyperbeln. Durch Logarithmieren geht die vorgelegte Gleichung über in

$$\lg y = -\lg x + \lg a$$

oder mit

$$\left.\begin{array}{l} \lg y = Y \\ \lg x = X \\ \lg a = A \end{array}\right\}$$

in

$$Y = -X + A, \tag{14}$$

das ist aber eine Gerade mit der Richtungskonstanten

$$\operatorname{tg} \alpha = -1$$
$$\alpha = 135^0,$$

d. h. die Gerade ist um 135^0 gegen die X-Achse geneigt.

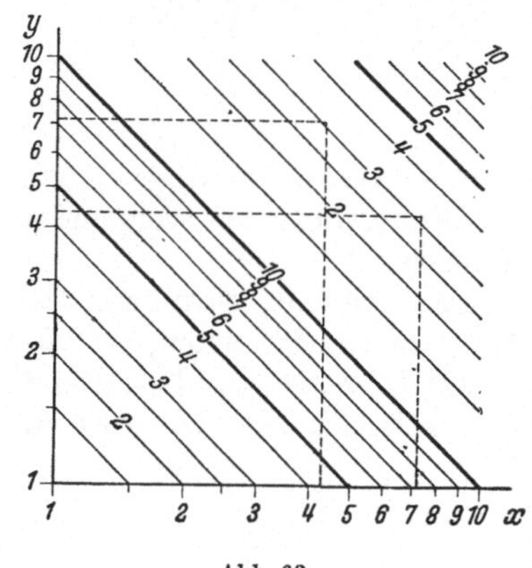

Abb. 63.

Durch Logarithmieren ist es also gelungen, die Gleichung der Hyperbel in die einer Geraden überzuführen. Auch als gerade Linie kann die Hyperbel *gezeichnet* werden, wenn man nach Aussage der Gleichungen (14) die Koordinatenachsen nicht regulär, sondern logarithmisch teilt. Bei veränderlichem Parameter a erhalten wir eine Schar paralleler Geraden, die auf der Y-Achse Stücke abschneiden, die ebenfalls gemäß (14) dem logarithmischen Gesetz folgen.

Die hiernach gezeichnete Schar der Geraden zeigt Abb. 63. Die Tafel kann bei hinreichender Größe und entsprechender Unterteilung der Achsen als „Multiplikationstafel" verwendet werden gemäß der Beziehung

$$x \cdot y = a$$

beispielsweise $4{,}3 \cdot 7{,}2 = 31$

usw. Da die Ziffernfolge sich bei den verschiedenen Zehnerpotenzen nicht ändert, ist die Tafel auch für jede beliebige andere Zehnerpotenz, als für die sie gezeichnet wurde, verwendbar. Die richtige Stellung des Kommas findet man — wie beim Rechenschieber — durch eine Überschlagsrechnung. Zum Beispiel

$$0{,}37 \cdot 46\,500 \left(\approx \frac{45\,000}{3} = 15\,000 \right) = 17\,200 \,.$$

Auch für die reziproke Rechnungsart, also das Dividieren, ist die Tafel brauchbar.

c) Näherungsweise können erhebliche Stücke auch der logarithmischen durch eine projektive Teilung ersetzt werden. Für die logarithmische Teilung einer gegebenen Strecke über eine ganze Zehnerpotenz ist es indes zweckmäßig, sie aus mindestens zwei Teilen unter Benutzung zweier Skalen zu entwickeln, wie dies in Abb. 64 geschehen ist. Die Abweichungen der projektiven gegenüber der exakten logarithmischen Teilung bleiben bei diesem Verfahren unter $^5/_{1000}$.

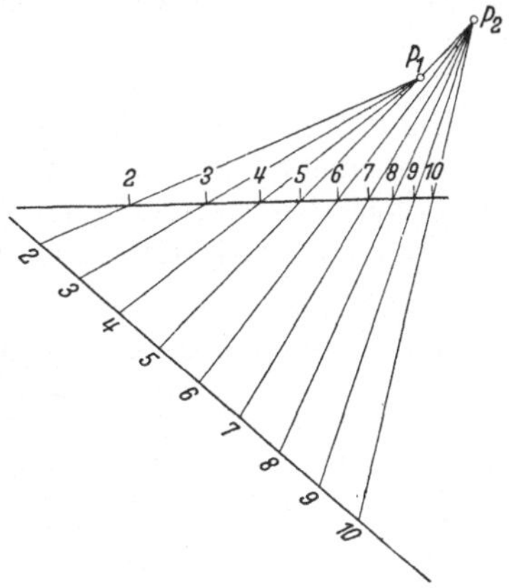

d) Eine *rohe Aufzeichnung* logarithmischer Teilungen kann auf Grund lediglich der Kenntnis erfolgen, daß lg 2 = 0,30 ist; daraus folgt ja, daß lg 4 = 0,60, lg 5 = 0,70, lg 8 = 0,90; bekannt ist schließlich weiter, daß lg 1 = 0 und lg 10 = 1,00. Damit lassen sich schon die wichtigsten Punkte einer logarithmischen Teilung zeichnen, z. B. für 100 mm Teilungslänge:

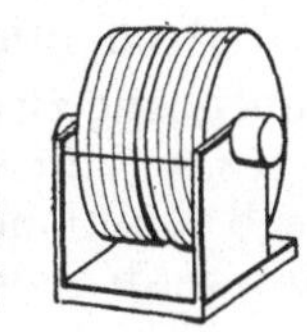

Abb. 64.

$N =$	1	2	4	5	8	10
lg N in mm	0	30	60	70	90	100

Zwischenwerte interpoliert man entweder graphisch nach dem Verfahren des vorigen Abschnittes oder auch einfach nach Augenschein. Für rohe Entwürfe und überschlägige Orientierungen leistet das Verfahren ausgezeichnete Dienste.

13. Trigonometrische Teilungen. a) Auch die trigonometrischen Teilungen wird man gewöhnlich an Hand einer Tabelle der natürlichen Werte der trigonometrischen Funktionen anfertigen, weil die graphische Darstellung etwa nach Abb. 33 im 1. Teil doch zu umständlich und auch weniger genau wäre.

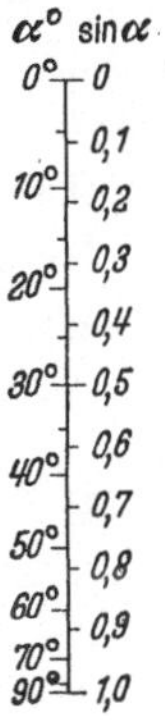

b) Abb. 65 zeigt eine Doppelskala für $f(\alpha) = \sin \alpha$, $\alpha]_{0^0}^{90^0}$; sie gestattet selbst bei dieser groben Unterteilung bereits eine Angabe der Funktionswerte auf etwa 1% genau.

c) Allerdings wird gerade von trigonometrischen Teilungen oftmals eine wesentlich höhere Genauigkeit gefordert. Es fragt sich, wie das erreicht werden kann, ohne sich des Vorteils der geringen Platzinanspruchnahme zu begeben. Da hat sich denn die Anbringung der Skalen auf einer Trommel als recht praktisch erwiesen. Eine Trommel von 32 cm Durchmesser hat ja bereits einen Umfang von rund 1 m. Wenn man nun die ganze Skala in 10 gleiche Teile teilt, jeden Teil 1 m lang zeichnet und nebeneinander auf der Trommel anordnet (Abb. 66), so hat man denselben Effekt, als ob man eine 10 m lange Skala in der Ebene hätte. Das ist ein gewaltiger Vorteil, kann man doch auf derartigen Skalen bequem noch $^1/_2$ mm schätzen, was einer Genauigkeit von $^5/_{100\,000}$ entspricht.

d) Oft ist es möglich, trigonometrische Skalen durch algebraische zu ersetzen, wie das folgende, der praktischen Vermessungstechnik entnommene Beispiel zeigt.

Wenn man bei trigonometrischen Netzen 2. und 3. Ordnung exzentrisch gemessene Winkel auf das Zentrum umrechnen will, so geschieht das mit Hilfe des Sinussatzes der ebenen Trigonometrie. Mit Bezug auf Abb. 67 gilt für den Korrektionswinkel ε die Beziehung

$$\sin \varepsilon = \frac{e \cdot \sin \alpha}{s}. \qquad (15)$$

Abb. 65.

Abb. 66. 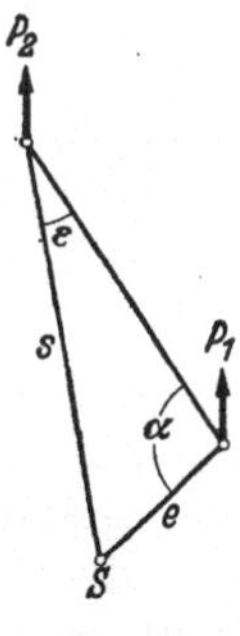 Abb. 67.

Die Berechnung von ε wird formularmäßig, und zwar mit vier- bis sechsstelligen Logarithmen durchgeführt. Um die Richtigkeit der Rechnung nachzuprüfen, wiederholt man sie mit natürlichen Werten, wobei man wegen der meist sehr geringen Größe von ε statt $\sin\varepsilon$ den Winkel ε im Bogenmaß in die Rechnung einführt; man verwendet die Gleichung (15) in der Form

$$\varepsilon = \frac{\varrho \cdot e \cdot \sin\alpha}{s}. \tag{16}$$

Diese Art der Rechnung ist indes nur angängig, wenn ε eine gewisse Größe nicht überschreitet. Im anderen Falle liefert die Formel zu *kleine* Werte. Die erforderliche Korrektur $\varDelta\varepsilon$ wird mit zunehmendem ε schnell größer; sie berechnet sich, wenn man $\varDelta\varepsilon$ in Sekunden (a. T.)[1], ε selbst in Graden einführt, zu

$$\varDelta\varepsilon = 0{,}1827\,\varepsilon^3. \tag{17}$$

Entwickelt man nämlich die Differenz $f(\varepsilon) = (\sin\varepsilon) - \varepsilon$ nach TAYLOR, so erhält man mit $f(\varepsilon) = \dfrac{\varepsilon^3}{3!} - \dfrac{\varepsilon^5}{5!} + - \ldots$ eine Reihe, die so stark konvergiert, daß bereits das zweite Glied vernachlässigt werden kann; der Fehler, den man dadurch begeht, beträgt für $\varepsilon = 10^0$ erst $0{,}2''$. — Rechnet man die Gleichung $f(\varepsilon) = \dfrac{\varepsilon^3}{3!}$ in Gradmaß um, so ergibt sich aus $f(\varepsilon) = \varDelta\varepsilon = \dfrac{(\varepsilon^0)^3 \cdot 206\,000}{1 \cdot 2 \cdot 3 \cdot (57{,}3)^3}$ die obige Beziehung (17), wobei $\varDelta\varepsilon$ in Sekunden herauskommt, wenn ε in Graden eingeführt wird.

Den genauen Wert für ε erhält man also, wenn man die nach den Gleichungen (16) und (17) berechneten Werte addiert. Diese Art der Kontrollrechnung ist indes nur bequem, wenn das Korrektionsglied (17) aus einer Tafel od. dgl. *direkt* entnommen werden kann. Die nebenstehende Doppelskala (Abb. 68) gestattet dies, und zwar auf $0{,}1''$ genau, was für die gedachten Zwecke i. allg. ausreichen dürfte.

Nachstehend ist ein Beispiel durchgerechnet:

Es sei
$$e = 25{,}250 \text{ m}$$
$$\alpha = 118^0\,25'\,26{,}0''$$
$$s = 310{,}35 \text{ m}.$$

1. Berechnung (logarithmisch):

$$
\begin{array}{r|l}
e & 1{,}40398 \\
\sin\alpha & 9{,}94421 \\
\text{cpl. } s & 7{,}50815 \\
\hline
\sin\varepsilon & 8{,}85634
\end{array}
$$

$$\varepsilon = 4^0\,07'\,10''.$$

2. Berechnung (mit der Rechenmaschine):

$$\frac{\varrho\,e\,\sin\alpha}{s} = \frac{206\,265 \cdot 25{,}35 \cdot 0{,}4760}{310{,}35} = 14\,817''$$
$$= 4^0\,06'\,57''$$

hierzu das Korrektionsglied aus Abb. 68 $\underline{\hphantom{xxxxx}13{.}0\hphantom{xx}}$

$$\varepsilon = 4^0\,07'\,10{.}0''$$

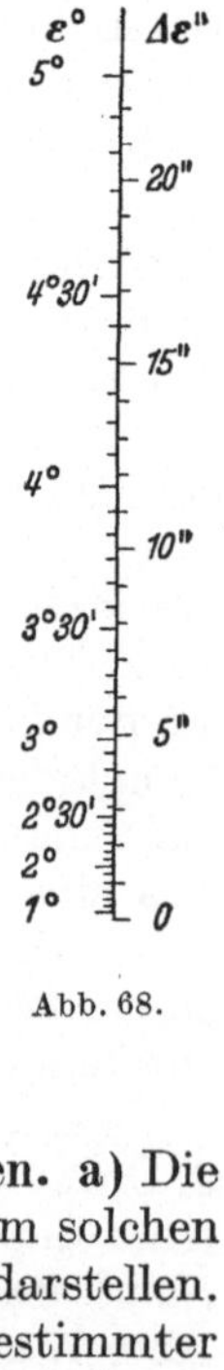

Abb. 68.

B. Rechentafeln für drei und mehr Veränderliche.

14. Zusammenhang zwischen Parallel- und rechtwinkligen Koordinaten. a) Die Funktion $z = f(x, y)$ läßt sich in einem r. K. S. als *Kurvenschar*, in einem solchen mit entsprechend funktionell geteilten Achsen als *Schar gerader Linien* darstellen. Auf diese Weise werden also durch jeden Punkt der Ebene jeweils *ein* bestimmter Wert der drei Variablen x, y und z einander zugeordnet. Die Einanderzuordnung

---

[1] Man unterscheidet „alte" Teilung ($1^0 = 60'$, $1' = 60''$) und „neue" Teilung, bei der Grade und Minuten in je 100 Teile geteilt werden. Hier gilt „alte" Teilung (a. T.). Vgl. Techn. Rechnen I. Teil, S. 19.

dreier zusammengehöriger Werte kann aber auch noch auf andere Weise erfolgen. Jede Schar gerader Linien läßt sich nämlich im sog. *Parallelkoordinatensystem* durch drei Skalen so darstellen, daß jeweils drei zusammengehörige Werte auf derselben Geraden liegen (Abb. 69). Man nennt solche Darstellungen *Fluchtlinientafeln* oder auch „Nomogramme nach der Methode der fluchtrechten Punkte" („fluchtrecht" nennt man drei und mehr Punkte, wenn sie in einer Geraden liegen).

b) Im Parallelkoordinatensystem entsprechen der x- bzw. y-Achse des rechtwinkligen Systems die parallelen, gewöhnlich mit u und v bezeichneten geradlinigen Skalenträger; der Skalenträger für z verläuft geradlinig oder auch als Kurve zwischen den beiden anderen. Den Zusammenhang zwischen der

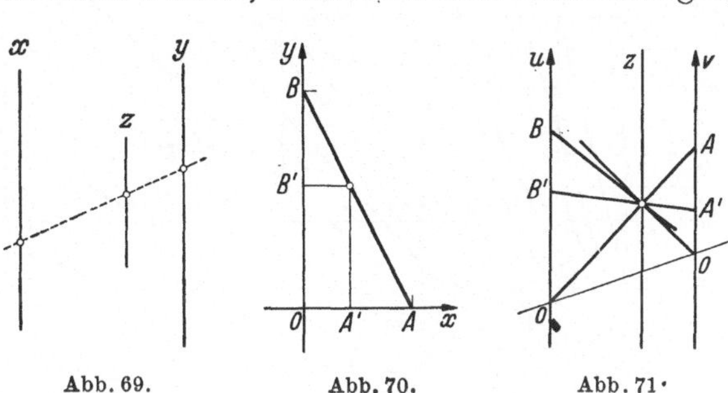

Abb. 69.   Abb. 70.   Abb. 71·

Darstellung einer Funktion mit drei Variablen einmal im rechtwinkligen und dann im Parallelkoordinatensystem zeigen die Abb. 70 und 71. Für beide gilt

$$\overline{OB}/\overline{OB'} = \overline{OA}/\overline{OA'}.$$

Das bedeutet aber nichts anderes, als daß eine *Gerade* des r. K. S. im Parallelkoordinatensystem (P. K. S.) durch einen *Punkt*, die *Schar* durch eine *Linie* dargestellt wird. Damit ist die Möglichkeit gegeben, jede Schar gerader Linien in einem r. K. S. in eine Fluchtlinientafel mit äußeren geraden und parallelen Skalenträgern rein empirisch umzuzeichnen.

Um beispielsweise die Gerade z_1 der kartesischen Darstellung in einem Parallelkoordinatensystem als Punkt, also als bestimmten Skalenwert abzubilden, teilt man die Achsen des Parallelkoordinatensystems genau ebenso wie die entsprechenden Achsen des r. K. S. Der Punkt P_1 auf der Geraden z_1 (Abb. 72) wird dann im P. K. S. (Abb. 73) durch die Gerade g_1, der Punkt P_2 durch die Gerade g_2 dargestellt, und ihr Schnittpunkt entspricht der Geraden z_1. Durch Übertragung ganzer Geradenscharen lassen sich auf diese Weise die diese darstellenden Skalen punktweise entwickeln.

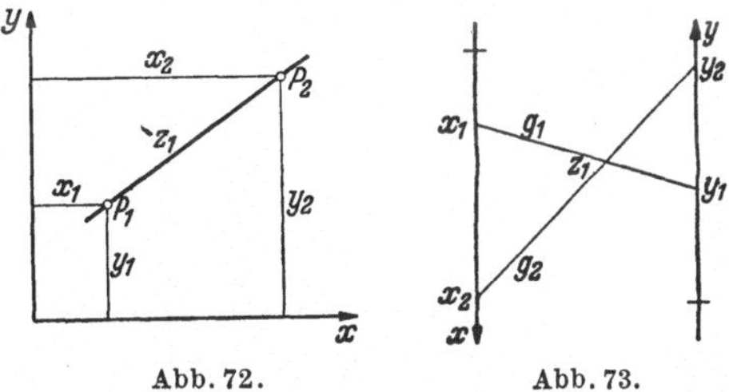

Abb. 72.   Abb. 73.

Sind die Winkel, um die die Geraden gegen die x-Achse geneigt sind, kleiner als 90° (wie in Abb. 72), so laufen im Nomogramm die x- und y-Teilungen entgegengesetzt; bei Neigungen zwischen 90° und 180° hingegen sind die Teilungsrichtungen gleich, wie z. B. in den einander entsprechenden Abb. 63 und 78.

Beispiel: In einem Kalender für Vermessungskundige (herausgegeben von R. Reiss, Liebenwerda) findet sich die in Abb. 74 dargestellte Tafel. Es handelt sich um eine Auswertung der Beziehung

$$\frac{b}{r} = \frac{\alpha}{\varrho}$$

für $\alpha]_0^{100\,\mathrm{c}}$. Abb. 75 zeigt das daraus rein empirisch entwickelte Nomogramm: Es entstand in der Weise, daß zunächst — im beliebigen Abstand — die beiden äußeren Skalenträger für b und r gezeichnet wurden. Sie sind beide regulär geteilt in demselben Bereiche wie die beiden Achsen der Darstellung im r.K.S. Von der Mittelskala für α wurden nur die Haupt-

---

¹ c ist das Zeichen für den 100. Teil eines Grades n. T. (Neuminute).

punkte — 1, 5, 10, 20 und 50 Neuminuten — übertragen, die Zwischenpunkte wurden nach Abschn. 10 graphisch interpoliert. Um beispielsweise den Ort für $\alpha = 5^c$ zu finden, sucht

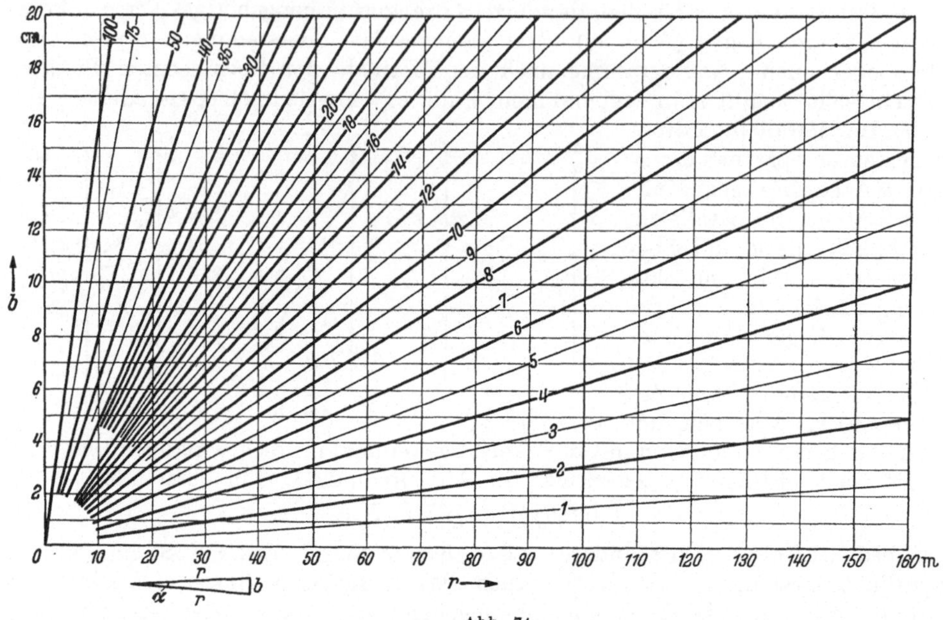

Abb. 74.

man in der Darstellung im r. K. S. (Abb. 74) zwei Punkte auf dieser Geraden auf, etwa $P_1(b = 10; \; r = 127)$ und $P_2(b = 3; \; r = 38,5)$. Dann zeichnet man die diesen Punkten entsprechenden Geraden in die Fluchtlinientafel ein, indem man die zusammengehörigen Punkte der b-Skala und der r-Skala miteinander verbindet. Dort, wo sie sich schneiden, liegt der gesuchte Punkt 5^c der α-Skala. Es hätte übrigens zu seiner Bestimmung bereits nur ein Wertpaar genügt. Da nämlich zu $r = 0$ und $b = 0$ der Wert $\alpha = 0$ gehört, die Werte $r = 0$ und $b = 0$ zu jedem Wert von α zugeordnet sind, müssen alle α-Werte auf der Verbindungsgeraden $b = 0$ und $r = 0$ liegen. Ähnliche Überlegungen kann man auch bei anderen Entwicklungen oftmals anstellen; sie führen gewöhnlich zu erheblichen Erleichterungen, zum mindesten zu bequemen Kontrollen der durchgeführten Konstruktion.

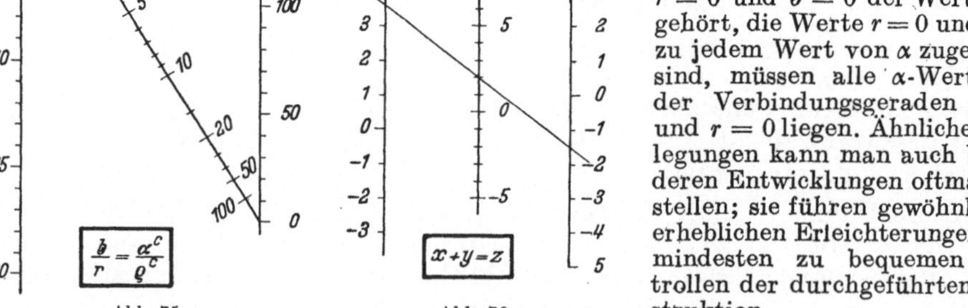

Abb. 75.   Abb. 76.

15. Fluchtlinientafeln für $f_1 + f_2 = f_3$. **a)** In Abb. 76 ist eine grundsätzliche Fluchtlinientafel gezeichnet, nämlich die für den Zusammenhang

$$x + y = z. \tag{18}$$

Die äußeren Achsen sind in dem gleichen Modul regulär nach x und y geteilt, die mittlere Achse für z ist ebenfalls regulär, aber nach dem halben Modul wie die andern Achsen geteilt.

b) Der Abstand der z-Achse von der x- und der y-Achse sind in Abb. 76 gleich. Das ist aber nicht notwendig. Ändert man indes die *Abstände*, so ändert sich auch der Teilungsmodul für z (oder für die eine der anderen Achsen). Man erkennt auch, daß eine *freie additive Konstante* auf der rechten Seite der Gleichung (18) lediglich den Nullpunkt der z-Skala verschiebt. Es läßt sich weiter zeigen, daß ein *Faktor* bei einer der Variablen deren Teilungsmodul verändert, und daß die *Vorzeichen* der Variablen die Richtung ihrer Teilungen bestimmen. Auf Grund dieser Überlegungen wurde ein Nomogramm für die Beziehung

$$2x - y = z - 3$$

gezeichnet. Das in Abb. 77 eingetragene Beispiel löst die gegebene Gleichung für $x = 1$; $y = 3$; danach ist $z = +2$, in Übereinstimmung mit der numerischen Rechnung, nach der $z = 2x - y + 3 = 2 \cdot 1 - 3 + 3 = 2$.

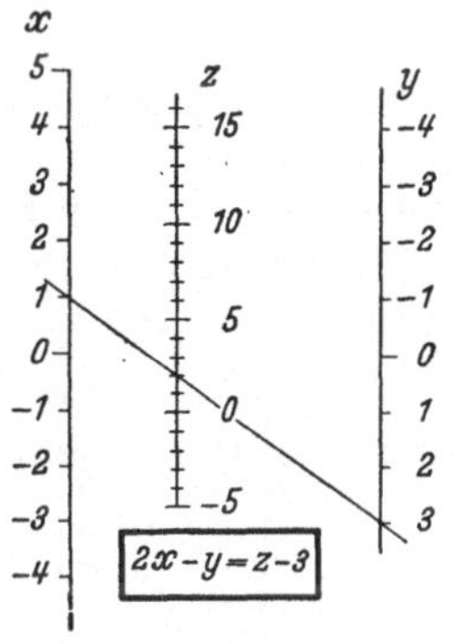

c) Auch funktionelle Zusammenhänge von der Form

$$a f(x) + b f(y) = c f(z) + d \qquad (19)$$

lassen sich auf Grund derselben Überlegungen als Fluchtlinientafeln darstellen, nur sind dann die Achsen nicht mehr regulär, sondern nach $f(x)$ bzw. $f(y)$ bzw. $f(z)$ zu teilen. Die (relativen) gegenseitigen Abstände der Skalen und ihre Moduln werden von den Koeffizienten a, b und c bestimmt, während die additive Konstante d die Verschiebung der Skala für z angibt.

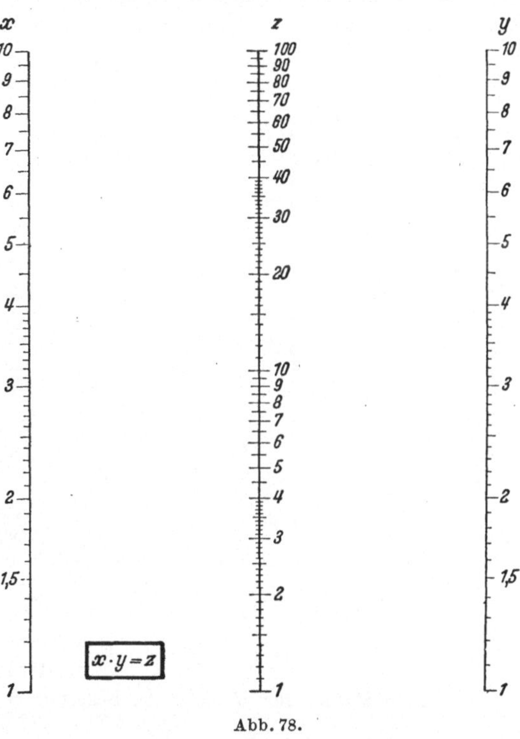

Abb. 77.

d) Ein sehr einfaches Beispiel für eine Rechentafel mit funktionell geteilten Skalenträgern ist die Beziehung

$$x \cdot y = z. \qquad (20)$$

Durch Logarithmieren geht die Gleichung über in

$$\lg x + \lg y = \lg z$$

oder, mit

$$\lg x = X; \quad \lg y = Y; \quad \lg z = Z,$$

in

$$X + Y = Z,$$

in welcher Form sie identisch ist mit unserer Ausgangsgleichung (18). In Anlehnung an unsere Abb. 76 hätten wir also drei parallele Skalenträger — für x, y und z — zu zeichnen. Ihren Abstand machen wir gleich. Die äußeren Skalenträger erhalten je eine logarithmische Teilung des gleichen Moduls, für x bzw. für y. Die Teilung des mittleren Skalenträgers für z ist ebenfalls logarithmisch, aber nur mit dem halben Teilungsmodul wie die beiden anderen gezeichnet. Den Anfangspunkt der mittleren Teilung bestimmen wir aus einem einfachen Zahlenbeispiel, etwa aus $1 \times 1 = 1$. Das fertige Nomogramm, das für die Ausführung von Multiplikation und Division, Quadrieren und Wurzelziehen die besten Dienste leistet und bei entsprechender Ausführung Rechengenauigkeiten von etwa 0,5% zuläßt, zeigt Abb. 78.

Abb. 78.

e) Die Fertigung einer Fluchtlinientafel für einen auf die Form der Gleichung(19) gebrachten Zusammenhang läßt sich nun auf folgendes Schema bringen (Abb. 79):

1. Annahme der Teilungsmoduln μ_x und μ_y an sich beliebig, jedoch so, daß die für x bzw. y vorgeschriebenen Intervalle ausreichend groß und deutlich dargestellt werden können; Berechnung des dritten Teilungsmoduls μ_z zu

$$\mu_z = \mu_x \mu_y / (\mu_x + \mu_y). \tag{21}$$

2. Berechnung des Abstandsverhältnisses der drei Skalenträger zu

$$\delta_1/\delta_2 = \mu_x/\mu_y. \tag{22}$$

Zeichnung der drei Skalenträger in diesem Abstandsverhältnis.

3. Multiplikation der einzelnen Funktionen der Gleichung (19) mit den zugeordneten Teilungsmoduln, so daß die Gleichung übergeht in

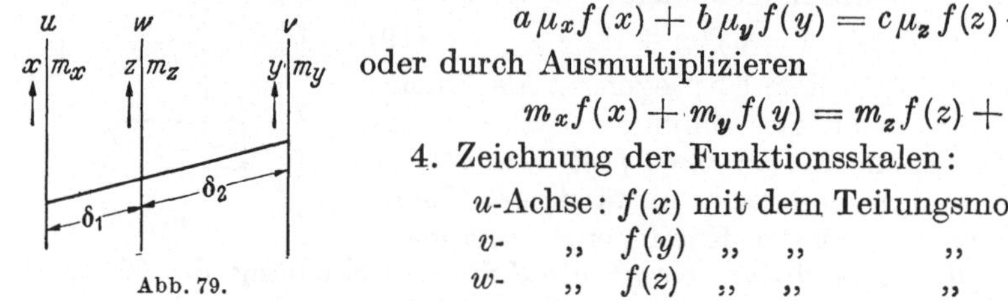

$$a\,\mu_x f(x) + b\,\mu_y f(y) = c\,\mu_z f(z) + d\,\mu_z$$

oder durch Ausmultiplizieren

$$m_x f(x) + m_y f(y) = m_z f(z) + C. \tag{23}$$

4. Zeichnung der Funktionsskalen:

u-Achse: $f(x)$ mit dem Teilungsmodul m_x,

v-   ,, $f(y)$,,   ,,   ,, m_y,

w-   ,, $f(z)$,,   ,,   ,, m_z.

Abb. 79.

Negative Vorzeichen erfordern Auftragen der Skalen in entgegengesetzter Richtung; die Konstante C hat lediglich eine Verschiebung der mittelsten Skala zur Folge; ein Punkt der z-Skala wird am besten berechnet und danach festgelegt.

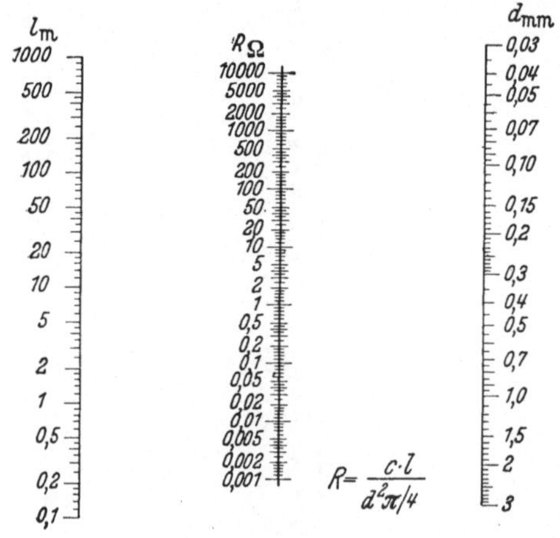

Abb. 80.

Im übrigen trifft man die Anordnung der Teilungen so, daß die Rechentafel etwa ebenso breit wie hoch wird.

Beispiel: Es sei eine Fluchtlinientafel für $R = \dfrac{c \cdot l}{d^2 \pi/4}$, wenn $c = 0{,}0175$; $l] \begin{smallmatrix} 1000\ \text{m} \\ 0{,}1\ \text{m} \end{smallmatrix}$

und $d] \begin{smallmatrix} 3{,}0\ \text{mm} \\ 0{,}03\ \text{mm} \end{smallmatrix}$, zu entwerfen. Man erhält für

$\dfrac{c}{\pi/4} = 0{,}0223$ und

somit $\lg R = \lg l - 2\lg d + \lg 0{,}0223$

oder $\lg l - 2\lg d = \lg R + C.$

Damit hat der gegebene Zusammenhang die Form der Gleichung (23).

1. Man wähle $\mu_x = \mu_y = 1$, dann ist

$$\mu_z = \frac{1 \cdot 1}{1 + 1} = \frac{1}{2}.$$

2. $\delta_1/\delta_2 = 1/1$; d. h. $\delta_1 = \delta_2$; der Skalenträger für R befindet sich genau in der Mitte zwischen dem für l und dem für d.

3. $1 \cdot \lg l - 1 \cdot 2 \cdot \lg d = \tfrac{1}{2}\lg R + C'$ oder $\lg l - 2 \cdot \lg d = \tfrac{1}{2}\lg R + C'.$

Es ist also zu zeichnen

a) Skalenträger für l: logarithmisch in positiver Richtung mit dem Teilungsmodul $m_l = 1$

b) ,,   ,, d: ,,   ,, negativer ,,   ,, ,,   ,, $m_d = 2$

c) ,,   ,, R: ,,   ,, positiver ,,   ,, ,,   ,, $m_R = \tfrac{1}{2}$

Um einen Punkt der R-Skala zu bestimmen, berechne man

$$l = R\,d^2/0{,}0223$$

etwa für $R = 1$; $d = 1$; damit wird

$$l = 1/0{,}0223 = 44{,}8,$$

d. h. verbindet man die Punkte $d = 1$ und $l = 44{,}8$ durch eine Gerade, so schneidet diese den z-Skalenträger im Punkt $R = 1$. Von diesem Punkte ausgehend kann alsdann die R-Skala gezeichnet werden.

Das fertige Nomogramm zeigt — stark verkleinert — Abb. 80.

Allgemein wäre noch zu bemerken, daß es den fertigen Nomogrammen oftmals nicht ohne weiteres anzusehen ist, welchen mathematischen oder naturgesetzlichen Zusammenhang sie eigentlich darstellen. Es ist deswegen notwendig, grundsätzlich die Formel usw. auf den einzelnen Rechentafeln zu vermerken, wie wir dies bei unseren Beispielen durchgeführt haben.

16. Zusammenhänge der Form $f_1 f_3 + f_2 \varphi_3 + \psi_3 = 0.$ a) Die Gleichung

$$f_1 f_3 + f_2 \varphi_3 + \psi_3 = 0, \tag{24}$$

in welcher

f_1 = eine Funktion der ersten Variablen,

f_2 = eine Funktion der zweiten Variablen,

f_3, φ_3 und ψ_3 = verschiedene Funktionen einer dritten Variablen

bedeuten, läßt sich in Form einer Fluchtlinientafel darstellen, wenn in Abb. 81

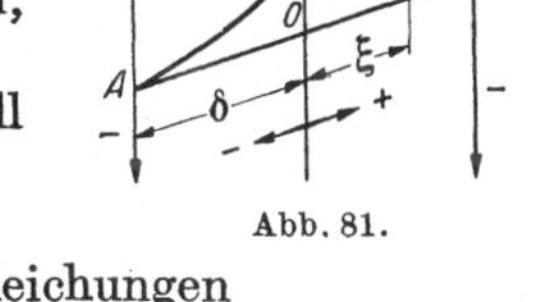

1. die u-Achse des Parallelkoordinatensystems funktionell nach f_1,
2. die v-Achse funktionell nach f_2 geteilt wird und
3. die Koordinaten des mittleren Skalenträgers den Gleichungen

Abb. 81.

$$\xi = \delta \frac{\varphi_3 \mu_1 - f_3 \mu_2}{\varphi_3 \mu_1 + f_3 \mu_2}, \qquad (25) \qquad \eta = \frac{\mu_1 \mu_2 \psi_3}{\varphi_3 \mu_1 + f_3 \mu_2} \tag{26}$$

entsprechen.

Es bedeutet darin:

$\delta = -OA = +OB$ ($=$ halbe Länge der ξ-Achse),

μ_1 = Teilungsmodul für f_1 (u-Achse), beliebig zu wählen,

$\mu_2 =$,, ,, f_2 (v-Achse), ,, ,, ,,

Der mittlere Skalenträger ist hier gewöhnlich eine Kurve.

1. Beispiel: Die Normalform der quadratischen Gleichung $x^2 + ax + b = 0$ hat die Form der Gleichung (24), wenn man schreibt: $b + ax + x^2 = 0$.

Es ist alsdann:

$$f_1 = b; \quad f_3 = 1;$$
$$f_2 = a; \quad \varphi_3 = x; \quad \psi_3 = x^2.$$

Auf der u-Achse ist also b aufzutragen mit $\mu = 1$, auf der v-Achse ist a aufzutragen. Auch für die a-Teilung wird man, wenn kein besonderer Grund vorliegt, den Teilungsmodul $\mu_2 = 1$ wählen. Damit ergibt sich

$$\xi = \delta \cdot \frac{x-1}{x+1} \ (=\text{projektive Teilung!}), \quad \eta = \frac{x^2}{x+1}.$$

Diese Ordinaten η brauchen nicht einzeln berechnet zu werden; man kann sie vielmehr einfach konstruieren wie folgt. Für $b=0$ geht die gegebene Gleichung über in

$$x^2 + ax = 0; \quad x = -a.$$

Das bedeutet: Verbindet man den Punkt A ($b=0$) folgeweise mit den Punkten $a = -1, -2, -3$ usw., so schneiden die Verbindungsgeraden die Ordinaten η jeweils in den Punkten des mittleren Skalenträgers, die den Werten $x = 1, 2, 3$ usw. zugeordnet sind.

Setzt man $a = 0$, so geht die Ausgangsgleichung über in

$$x^2 = -b,$$

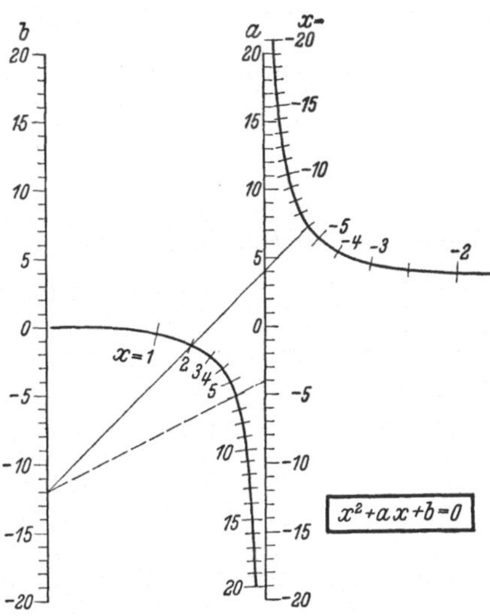

Abb. 82.

d. h. die Geraden durch $a = 0$ und beliebige $-b$-Werte schneiden die x-Linie in den Punkten $x = \pm \sqrt{b}$. Das hiernach entworfene Nomogramm zeigt Abb. 82. Danach hat die Gleichung

$$x^2 + 4x - 12 = 0$$

die Wurzeln

$$x_1 = + 2; \quad x_2 = - 6.$$

Man findet sie mittels der Geraden durch $b = - 12$ und $a = 4$.

Die Rechentafel Abb. 82 hat *zwei* Kurvenäste für die x-Werte; einen für die positiven, den anderen für die negativen π. Man kommt indes auch nur mit *einer* Kurve, und zwar der für die positiven x-Werte, aus; die negativen Werte für x findet man alsdann durch Wiederholung der Auswertung für ein b mit umgekehrtem Vorzeichen, da ja nach früherem (T.R.I., S. 35)

$$x_1 + x_2 = - a; \quad x_1 \cdot x_2 = b.$$

2. Beispiel: Für die Beziehung $a = \dfrac{\varrho \cdot y}{x^2 + y^2}$ ist eine Rechentafel aufzustellen.

Lösung: In der Form

$$x^2 - \varrho \cdot y \cdot a^{-1} + y^2 = 0$$

entspricht die Gleichung unserer Grundform (24).

Setzt man darin

$$f_1 = x^2; \quad f_3 = 1$$
$$f_2 = -\varrho\, a^{-1}; \quad \varphi_3 = y$$
$$\psi_3 = y^2,$$

so bedeutet das (Abb. 83):

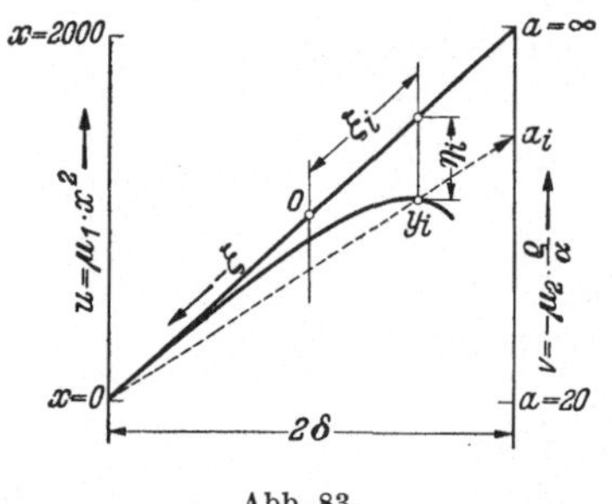

Abb. 83.

1. die u-Achse ist *quadratisch* zu teilen gemäß

$$u = \mu_1 x^2,$$

2. die v-Achse ist *projektiv* zu teilen gemäß

$$v = - \mu_2 \frac{\varrho}{a},$$

3. die Koordinaten des mittleren Skalenträgers berechnen sich zu

$$\xi = \delta \frac{\mu_1 y - \mu_2}{\mu_1 y + \mu_2},$$

d. h. die Abszisse ist ebenfalls projektiv zu teilen; endlich

$$\eta = \frac{\mu_1 \mu_2 y^2}{\mu_1 y + \mu_2},$$

d. h. die Ordinaten folgen einem verwickelteren hyperbolischen Gesetz und müßten einzeln berechnet werden; wie man diese Berechnung umgehen kann, wird weiter unten angegeben.

Bezüglich der Konstruktion der einzelnen Skalen ist folgendes zu bemerken:

Der Teilungsmodul μ_1 kann frei gewählt werden; seine Größe hängt von der beabsichtigten Genauigkeit der Darstellung sowie dem gewählten Bereich für x ab. Es möge die u-Skala $u = \mu_1 x^2$ gezeichnet werden für den Bereich

$$x]_0^{2000\ \mathrm{m}};$$

sie möge eine Länge von 400 mm erhalten. Da nun x^2 (für $x = 2000$) $= 4 \cdot 10^6$ Einheiten 400 mm in der Zeichnung entsprechen, so ist

Tabelle 6.

x	x^2	v
100	10^4	1 mm
200	$4 \cdot 10^4$	4 mm
.	.	.
.	.	.
.	.	.

1 mm Zeichnung $\triangleq \dfrac{4 \cdot 10^6}{400} = 10^4$ darzustellenden Einheiten [1].

Diesen Teilungsmaßstab wollen wir gleich 1 setzen; also:

$$\mu_1 = 1 \triangleq 10^4 \ \text{Einh./mm Zchng.}$$

Die u-Skala wird nach Festlegung des Anfangs- und Endpunktes entweder rein graphisch oder an Hand einer Quadrattafel gezeichnet. Nach dem Gesagten liegt der Punkt $x_1 = 0$ bei 0; $x_2 = 2000$ bei 400 mm. Will man die Zwischenpunkte nicht konstruieren, sondern berechnen, so benutzt man dazu nebenstehendes Schema (Tabelle 6).

Um den Teilungsmodul μ_2 für die v-Skala zu bestimmen, gehen wir wie folgt vor: a möge dargestellt werden für das Intervall

$$a]_{20}^{\infty}$$

dann ist

für $a = \infty$ $v = \dfrac{\varrho}{\infty} = 0$,   für $a = 20$ $v = \dfrac{\varrho}{20} = 1{,}03 \cdot 10^4$,

---

[1] Das Zeichen $\triangleq$ bedeutet: entspricht, oder entsprechend.

d. h. beim Modul $\mu_2 = 1$ würde diese Skala 1,03 mm lang werden. In dieser Länge ist sie nicht brauchbar; wir wählen

$$\mu_2 = 500,$$

sie wird damit $500 \cdot 1{,}03 = 515$ mm lang.

Der Abstand der beiden Parallelskalen ist beliebig; um später nicht zu spitzwinklige Schnitte zu erhalten, wähle man ihn nicht zu klein. Etwa

$$2\,\delta' = 350 \text{ mm}.$$

Nunmehr kann die projektive Skala v gezeichnet werden. Bemerkt sei noch, daß die Richtung der u- und v-Skalen durch das Vorzeichen der Variablen bedingt ist, wie dies für unser Beispiel die Abb. 83 andeutet. Die gegenseitige Lage der Punkte $x^2 = 0$ und $\dfrac{\varrho}{a} = \infty$ ist beliebig. In der Zeichnung sei ihre Entfernung

$$2\,\delta = 600 \text{ mm}.$$

Die Verbindungslinie stellt die ξ-Achse des Koordinatensystems dar. Sie ist zu teilen gemäß Gleichung (25), welche mit $\delta = 300$; $\mu_1 = 1$; $\mu_2 = 500$ übergeht in

$$\xi = 300\,\frac{y - 500}{y + 500}.$$

Die Teilung ist also wieder projektiv; man wird sie demgemäß konstruktiv durchführen, und zwar für die Mehrzahl der auf dem mittleren Skalenträger erscheinenden Punkte.

Die Ordinaten η der einzelnen Punkte der mittleren Skala müßten einzeln nach Gleichung (26) berechnet werden. Einfacher führt aber folgende Überlegung zum Ziele: Setzt man in die vorgelegte Gleichung $x = 0$, so geht sie über in

$$a = \frac{\varrho\, y}{x^2 + y^2} = \frac{\varrho}{y}\;;\;\text{hieraus}$$

$$y = \frac{\varrho}{a}\;;$$

das bedeutet, die Punkte des mittleren Skalenträgers liegen auf Strahlen, die vom Punkte $x = 0$ zu jenen Punkten auf der a-Skala führen, welche dieser Gleichung entsprechen. Einige Wertpaare sind in Tabelle 7 zusammengestellt. Wem die Ablesungen für $a > 300$ zu unsicher erscheinen, mag die Ordinatenwerte $y < 1000$ nochmals nach Formel (26) berechnen, welche mit $\mu_1 = 1$; $\mu_2 = 500$ übergeht in

Tabelle 7.

y	a
200	1031,3
400	515,6
1000	206,3
2000	103,13
4000	51,56

$$\eta = \frac{500\, y^2}{y + 500}.$$

Die Punkte des Skalenträgers y findet man also:

Entweder als Schnittpunkte der auf der ξ-Achse parallel zu u und v errichteten Ordinaten und den durch die obige Gleichung gekennzeichneten Linien,

oder unmittelbar durch die Koordinaten ξ und η.

Das fertige Nomogramm zeigt Abb. 84.

c) Der Gebrauch der Abb. 84 erhellt aus ihrer Theorie: da jeweils drei zusammengehörige Werte für x, y und a auf einer Geraden liegen müssen, braucht man, um etwa a aus gegebenen x und y zu bestimmen, die beiden letzteren in der Tafel nur aufzusuchen, durch eine Gerade zu verbinden und in deren Schnitte mit der

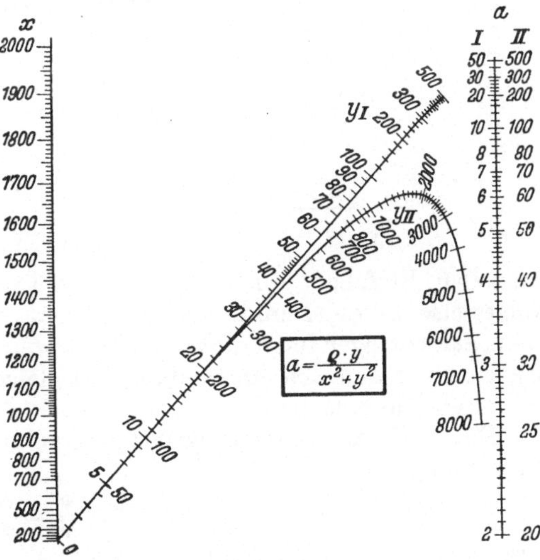

a-Skala den gesuchten a-Wert abzulesen; den b-Wert erhält man in der gleichen Weise, indem man x und y ihrem Werte nach einfach vertauscht und wie beschrieben verfährt. Aus der Abb. 84 wird a für $x = 1500$, $y = 500$ mit $a = 41{,}2$ bestimmt; den gleichen Wert erhält man übrigens für $y = 4500$ bei gleichem x. In der beschriebenen Ausführung liefert die Tafel brauchbare Werte, solange a und b zwischen 3 und 200 liegen. Aber auch die außerhalb dieses Intervalls liegenden Werte findet man leicht durch Verwendung einer mittleren Hilfsskala bzw. durch Multiplikation zweier der Variablen (etwa y und a) mit einer entsprechenden Zehnerpotenz. Doch soll hierauf an dieser Stelle nicht näher eingegangen werden.

17. Andere funktionelle Zusammenhänge. a) Die Gleichung (24):

$$f_1 f_3 + f_2 \varphi_3 + \psi_3 = 0$$

ist die allgemeinste der bisher behandelten Gleichungsformen; setzt man darin

$$f_3 = 1; \ \varphi_3 = 1; \ \psi_3 = -f_3,$$

so erhält man die einfache Form

$$f_1 + f_2 = f_3,$$

von der wir ausgingen (Gleichung 18 bzw. 19).

b) Setzt man in der Gleichung (24)

$$\varphi_3 = 1, \ \psi_3 = 0,$$

so erhält man mit

$$f_1 f_3 + f_2 = 0 \tag{27}$$

eine neue wichtige Gleichungsform. Die Gleichungen (25) und (26) gehen damit über in

$$\xi = \delta \cdot \frac{\mu_1 - f_3 \mu_2}{\mu_1 + f_3 \mu_2}, \tag{28}$$

$$\eta = 0. \tag{29}$$

Das bedeutet: Die μ-Achse ist nach f_1 mit dem Modul μ_1, die v-Achse nach μ_2 im Modul μ_2 zu teilen. Der mittlere Skalenträger ist wegen $\eta = 0$ eine gerade Linie, die projektiv nach Gleichung (28) zu teilen ist.

Als Beispiel hierfür bringen wir in Abb. 85 die hiernach konstruierte Rechentafel für

$$a b = c.$$

Im Hinblick auf unsere Gleichung (27) ist

$$f_1 = a; \ f_2 = -c; \ f_3 = b.$$

Die u- und v-Achse sind demgemäß regulär nach a und c zu teilen. Ihr Teilungssinn ist entgegengesetzt. Die die beiden Nullpunkte dieser Teilungen verbindende Gerade ist projektiv nach Gleichung (13)

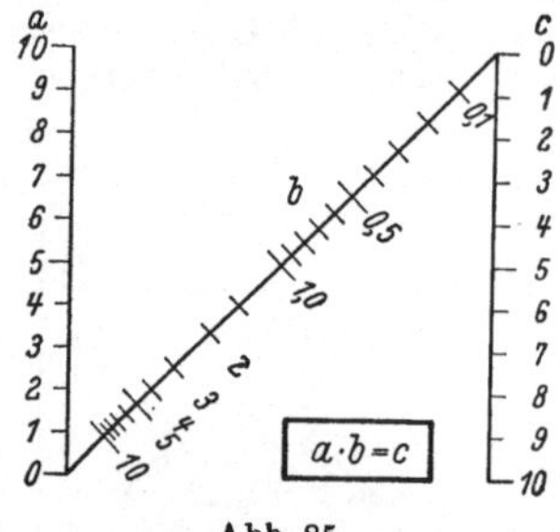

Abb. 85.

zu teilen. Einfacher kommt man zu den Teilpunkten, indem man den Punkt $a = 10$ folgeweise mit den Punkten $b = 1, 2, 3$ usw. verbindet. Der Schnitt dieser Linien mit dem Skalenträger für b gibt die Punkte $b = 0{,}1, \ 0{,}2$ usw. bis $b = 1{,}0$. Die Punkte $b]_1^{10}$ erhält man durch Anwendung des gleichen Verfahrens in bezug auf den Punkt $b = 1$ als Ausgangspunkt.

Ein anderes Anwendungsbeispiel zeigt die Abb. 75. Die dort dargestellte Gleichung

$$\frac{b}{r} = \frac{\alpha}{\varrho}$$

läßt sich auch schreiben als

$$\frac{r}{\varrho} \cdot \alpha = b.$$

Mit Rücksicht auf unsere Gleichung (27) bedeutet das: die parallelen Skalenträger sind nach r und b, also regulär zu teilen. Der mittlere Skalenträger verbindet wieder die beiden Nullpunkte dieser Teilungen. Die Teilpunkte findet man aus

$r = \varrho$ mit $\alpha = b$. D. h.: Verbindet man den Punkt $r = \varrho$ ($\varrho^e = 6370$ cm $= 63{,}7$ m) folgeweise mit den Punkten $b = 1, 2, 3, 4$ usw., so schneiden die Verbindungslinien den mittleren Skalenträger in den Punkten $\alpha = 1, 2, 3, 4$ usw. (Minuten neue Teilung).

c) Ein nomographisch interessanter Zusammenhang ist die Gleichung

$$\frac{1}{f_1} + \frac{1}{f_2} = \frac{1}{f_3}; \qquad (29)$$

er läßt sich nach unserer Abb. (86) als Fluchtlinientafel mit drei in einem Punkte zusammenlaufenden geradlinigen Skalenträgern darstellen; diese sind nach f_1, f_2 und f_3 mit den gleichen Modulen zu teilen. Den Beweis für die Richtigkeit der Konstruktion bringen wir im Abschn. 22.

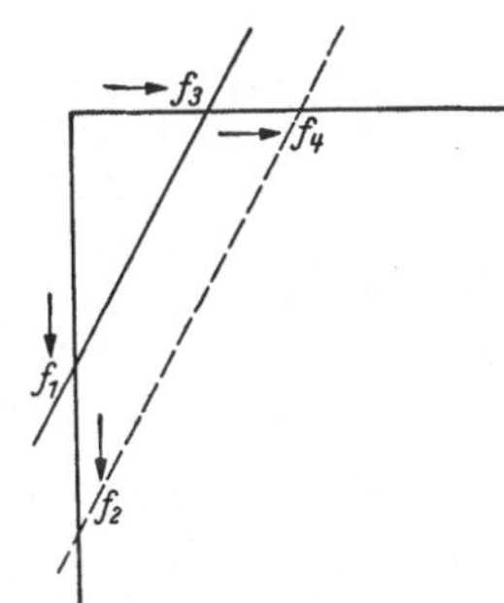

Abb. 86.   Abb. 87.

d) Zusammenhänge von der Form

$$f_1 : f_2 = f_3 : f_4$$

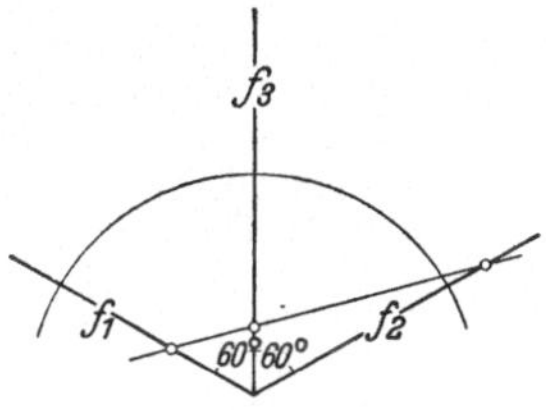

löst man mit Hilfe der Strahlensätze, etwa nach der in Abb. 87 angedeuteten Möglichkeit.

18. Gekoppelte Funktionen. a) Sind mehr als drei Variable vorhanden, so führt man als Bindeglied zwischen je zwei Variablen Hilfsfunktionen $f(H_1)$, $f(H_2)$ usw. ein, für welche nur die (geradlinigen) Skalenträger, nicht aber deren Teilungen, gezeichnet zu werden brauchen.

b) Ist beispielsweise die Gleichung $f(u) + f(v) + f(x) + f(y) + f(z) = 0$ als Rechentafel darzustellen, so geht man schrittweise vor, indem beispielsweise gesetzt wird: $f(u) + f(v) + f(H_1) = 0$ und zunächst *diese* Rechentafel entwickelt.

Alsdann setzt man weiter:

$$f(H_1) + f(x) + f(H_2) = 0$$

und zeichnet unter Benutzung des im ersten Berechnungsgange gefundenen Skalenträgers für H_1 auch dieses Nomogramm; daran schließt sich endlich die dritte Rechentafel für

$$f(H_2) + f(y) + f(z) = 0.$$

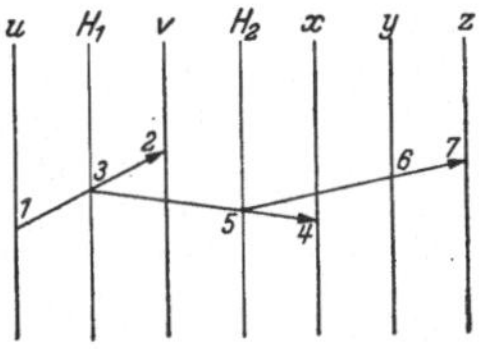

Abb. 88.

Auf diese Weise können Rechentafeln für beliebig viele Veränderliche entworfen werden; die grundsätzliche Anordnung der Skalenträger und der Auswertungsgeraden zeigt Abb. 88.

c) Durch geeignete Wahl der Kopplungsfunktionen, ferner durch Verwendung *eines* Skalenträgers für *zwei* Variable und ähnliche Kunstgriffe lassen sich die Rechentafeln oftmals überraschend einfach gestalten. So erhält man beispielsweise an Stelle der Darstellung nach Abb. 88 die nach Abb. 89, wenn man die äußeren Skalenträger zwiefach verwendet. Den linken Skalenträger teilt man etwa einerseits nach u, andererseits nach y; den rechten teilt man ebenso nach v und nach x. Der mittlere Skalenträger wird praktisch nur nach z geteilt; er ist aber zugleich der Träger für die nicht als Skala dargestellte Hilfsgruppe H_1. Auch die Teilung für H_2 braucht nicht gezeichnet zu werden; lediglich der geradlinige Skalenträger erscheint hier.

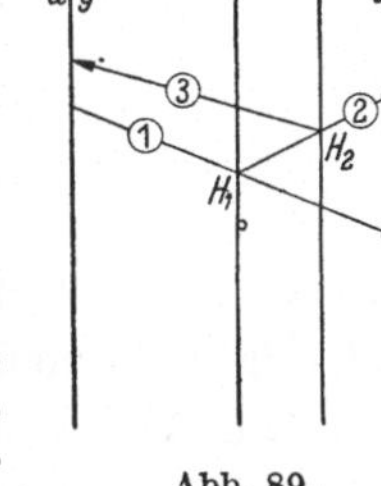

Abb. 89.

Man bestimmt der Reihe nach

aus u und v den Schnitt H_1

  ,, H_1 ,, x ,,   ,, H_2

  ,, H_2 ,, y ,,   ,,   mit der z-Skale und damit z.

Auch andere als die hier beschriebene Skalenträgeranordnung wäre denkbar.

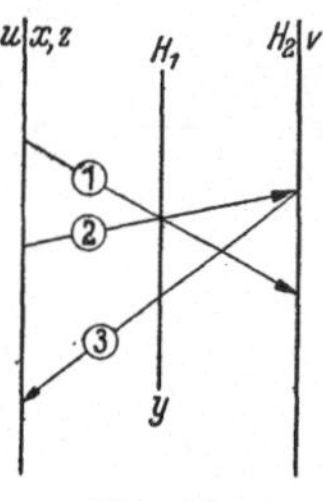

Abb. 90.

Wenn es möglich ist, die gleiche Teilung für zwei verschiedene Variablen zu benutzen, so kann man im vorliegenden Falle sogar mit bloß drei Skalenträgern auskommen. Abb. 90 gibt eine der hier vorhandenen verschiedenen Möglichkeiten.

Beispiel: Abb. 91 zeigt ein Nomogramm, das die vier darin angegebenen Formeln gleichzeitig auszuwerten gestattet. Das Beispiel ist der Gleisbautechnik entnommen und betrifft die Absteckungsmaße für Gleisbögen. Für diese Maße sind bisher umfangreiche Zahlentafeln (z. B. von SARRAZIN) in Gebrauch gewesen. Die einzelnen Formeln bedeuten:

h = die Überhöhung (in mm) der äußeren Schiene bei Gleisbögen vom Radius r (in m) wenn der Bogen mit einer Geschwindigkeit v (in km/h) durchfahren wird.

l = die Länge (in m) der Überhöhungsrampe bzw. des Übergangsbogens.

f = Verschiebung des Kreisbogens gegen die Tangente wegen der Dazwischenschaltung des Übergangsbogens.

y = Ordinate des Übergangsbogens in Abhängigkeit von der Abszisse x, der Verschiebung f und der Übergangsbogenlänge l.

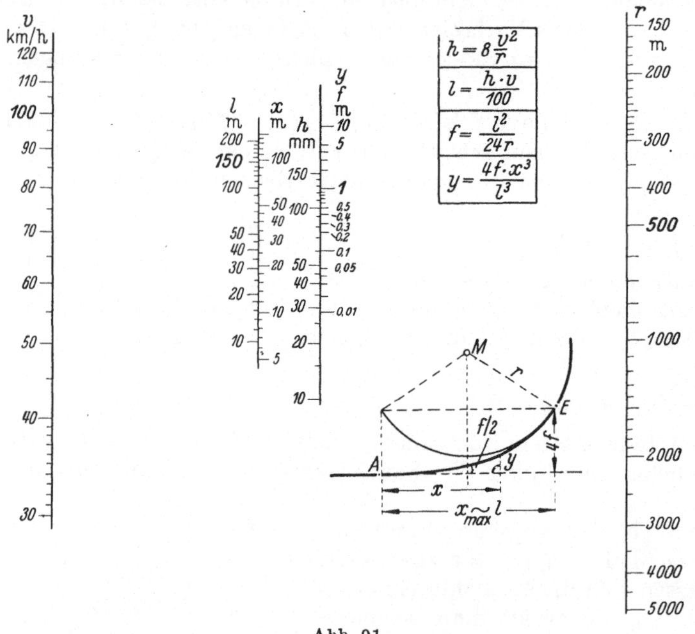

Abb. 91.

d) Auch Netztafeln hat man auf die gleiche Weise gekoppelt, man löst damit Gleichungen mit „vielen variablen Festwerten" etwa der Form

$$z = f\,(u, v, w \ldots)$$

Die Netztafeln für die vier Grundrechnungsarten verwenden ausschließlich Scharen von geraden Linien, sind also i. allg. sehr einfach aufzustellen. Aber sie haben auch gewichtige Nachteile! Diese sind:

1. Auch Scharen gerader Linien wirken, vor allem wenn mehrere übereinander gedruckt sind, verwirrend.

2. Die notwendigerweise gebrochenen Auswertegeraden sind unbequem.

3. Die Auflösung einer durch gekoppelte Netztafeln dargestellten Gleichung $z = f\,(u, v, w \ldots)$ nach einer anderen Variablen, als die Gleichung explizite ausgedrückt ist, ist gewöhnlich nicht möglich. Solche Netztafeln bleiben daher auf gewisse Spezialfälle beschränkt und werden einfacher und übersichtlicher durch Fluchtlinientafeln dargestellt bzw. in solche umgezeichnet. (S. Abschn. 20.)

Beispiel: WALLICHS und DABRINGHAUS haben in der Z. VDI 1930 eine graphische Tafel zur Bestimmung der Schnittgeschwindigkeit v_{60} (m/min) eines Werkstoffs gegebener Festigkeit σ_B (kg/mm²) aus der Spantiefe t (mm) und dem Vorschub s (mm/U) veröffentlicht.

Aus dieser Tafel sind die in Tabelle 8 zusammengestellten Zahlenwerte entnommen. H ist eine Hilfsgröße, welche die Variablen t und s einerseits, σ_B und v_{60} andererseits miteinander verbindet (= Kopplungsfunktion).

In Abb. 92 a sind nun die Werte dieser Tabelle in zwei r. K. S. dargestellt, welchen die nach der Hilfsgröße H regulär geteilte Abszisse gemeinsam ist. Es ergeben sich zwei Scharen von Geraden, die unmittelbar unter Verwendung der gefundenen Teilungen für v_{60} und t in die Rechentafel Abb. 92 b umgezeichnet wurden. Die in Abb. 92 a u. 92 b eingezeichneten Geraden dienen zur Berechnung von v_{60} für $t = 5$; $s = 1,5$; $\sigma_B = 57$. Ergebnis: $v = 29$ m/min.

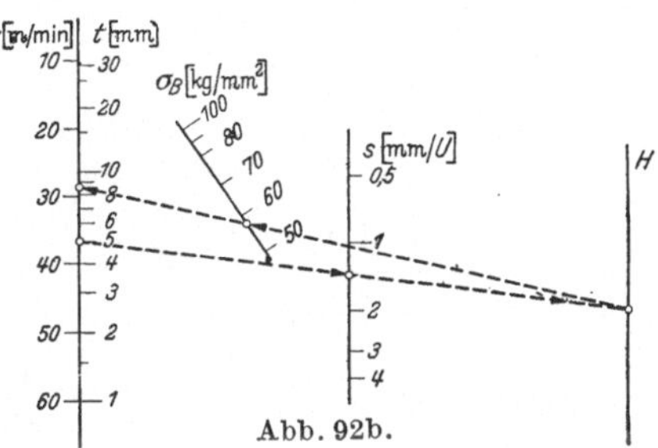

Abb. 92 a.

Abb. 92 b.

Tabelle 8.

t	s	H	H	σB	v_{60}
1	0,5	0	0	30	—
1	2	4	0	50	60
1	4	6	0	100	26
2	0,5	1	4	30	80
2	2	5	4	50	40
2	4	7	4	100	17
8	0,5	3	5	30	48
8	2	7	5	50	34
8	4	9	5	100	15
16	0,5	4	8	30	70
16	2	8	8	50	20
16	4	10	8	100	—

19. Empirische Zusammenhänge. a) Auch Zusammenhänge, die lediglich zahlenmäßig bekannt sind, für die also eine mathematische Formel nicht gegeben oder nicht bekannt ist, lassen sich nomographisch darstellen, und zwar entweder dadurch, daß man die den Zusammenhang darstellenden Kurvenscharen verstreckt, oder auch dadurch, daß man das Nomogramm rein empirisch, also durch Probieren, entwickelt.

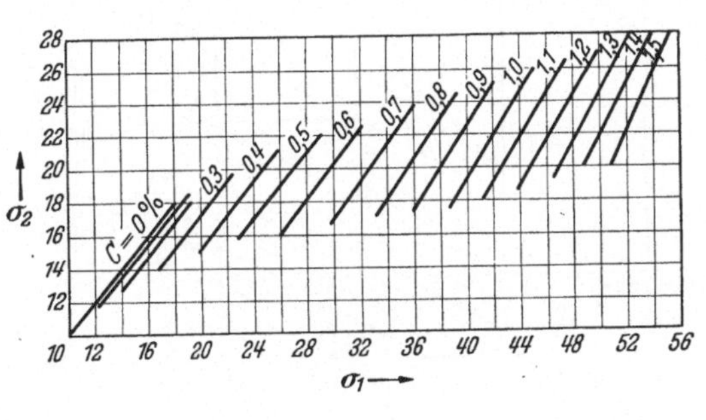

Abb. 93.

Abb 94.

Beispiel 1: ENLUND bestimmte auf empirischem Wege die Abhängigkeit des spezifischen Widerstandes einer gehärteten und einer nichtgehärteten Stahlprobe vom Kohlenstoffgehalt. Die graphische Darstellung seiner Ergebnisse in kartesischen Koordinaten zeigt Abb. 93; das hiernach empirisch entwickelte Nomogramm veranschaulicht Abb. 94.

Beispiel 2: Abb. 95 zeigt den Zusammenhang zwischen den Größen t_1, t_2, α und β in kartesischer Darstellung, Abb. 96 die daraus auf rein empirischem Wege, d. h. durch Probieren gefundene Fluchtlinientafel.

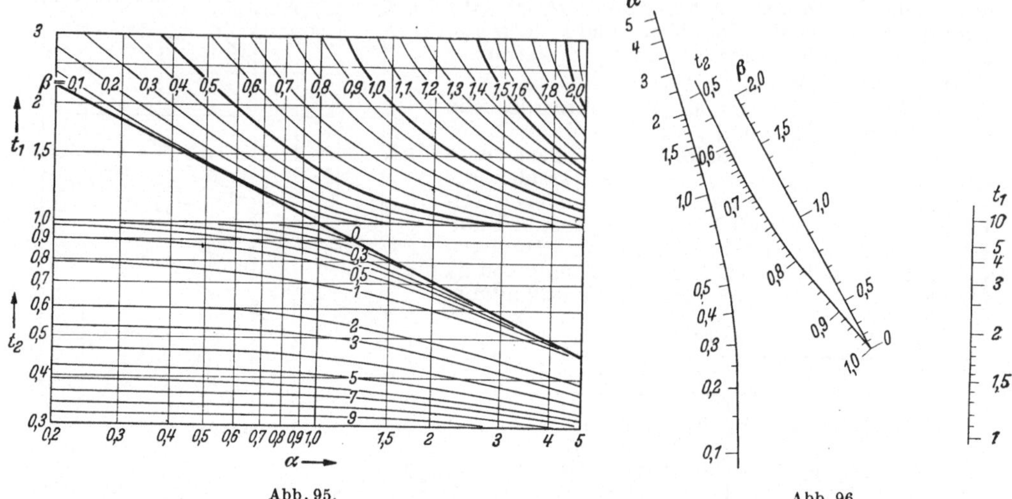

Abb. 95.   Abb. 96.

Tabelle 9.

H	$v_a =$		
	260	280	300
4000	317	349	365
5000	335	359	385
6000	354	378	408

Beispiel 3: Für den Zusammenhang zwischen den Angaben v_a eines Staudruckmessers und der Eigengeschwindigkeit v_e eines Flugzeugs besteht die durch Tabelle 9 gegebene Abhängigkeit. Die hieraus abgeleitete Fluchtlinientafel zeigt Abb. 97.

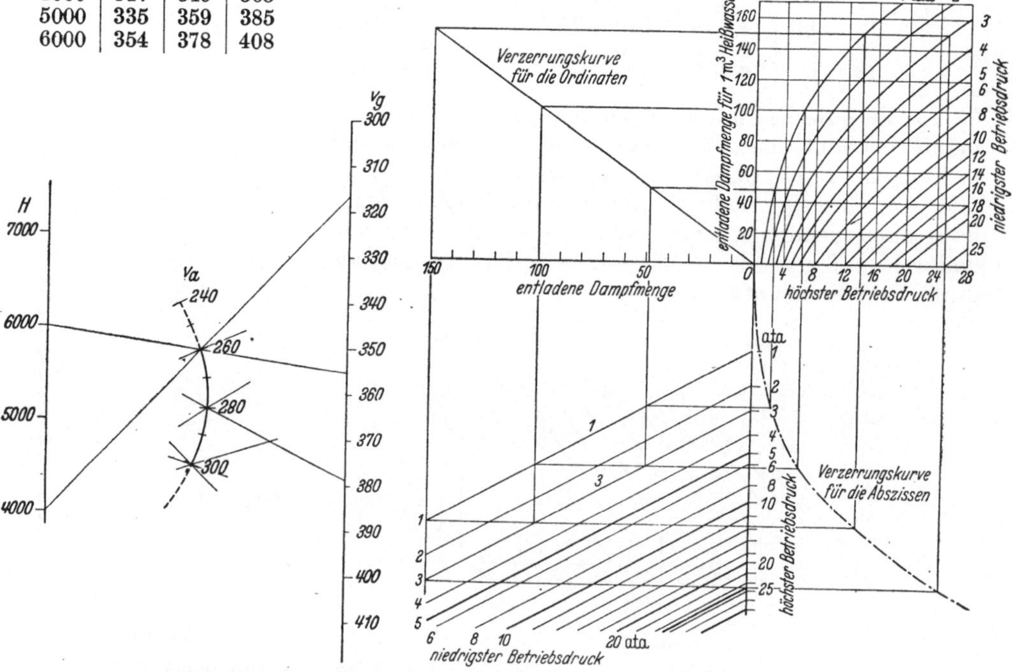

Abb. 97.   Abb. 98.

Beispiel 4: Die Kurventafel der Abb. 98 ist einer Arbeit von WALTHER: Verwandlung von Kurventafeln in Leitertafeln (Z. VDI 1937 Nr. 39) entnommen. In folgenden Arbeitsgängen ist die Tafel in ein Nomogramm umgewandelt worden:

1. Wahl der Geraden *1* und *3* als Basis für die Ableitung der Teilungen für die Achsen des neuen Koordinatensystems.

2. Entwicklung der Verzerrungskurven: im Beispiel wird wegen der gewählten Parallelität der Geraden *1* und *3* die Verzerrungskurve für die Ordinaten eine *Gerade*; der Charakter der Teilung für die Ordinate bleibt somit unverändert.

3. Bestimmung der Abszissenteilung mit Hilfe der Verzerrungskurve für die Abszisse.

4. Umzeichnung der gefundenen Geradenschar in eine Leitertafel durch Übernahme der neuen Achsenteilungen als Außenleitern und punktweise Konstruktion der mittleren Skala aus einer der beiden Darstellungen.

Das hiernach gefertigte Nomogramm zeigt Abb. 99.

20. Umformung von Netztafeln. a) Im Abschnitt 14 ist von dem Zusammenhang zwischen der Darstellung in kartesischen Koordinaten (r. K. S.) und der in Parallelkoordinaten (P. K. S.) die Rede gewesen. Nachstehend stellen wir einmal die wichtigsten Fälle in beiden Darstellungsformen nebeneinander. Wir gehen dabei aus von einer Schar von geraden Linien im r. K. S.

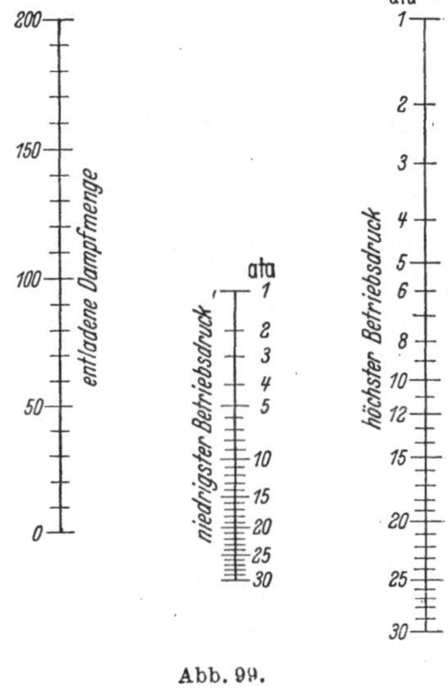

Abb. 99.

1. Die Linien schneiden sich sämtlich im Ursprung. Bei der Darstellung in Parallelkoordinaten erhalten wir ein Nomogramm in N-Form nach Abb. 100.

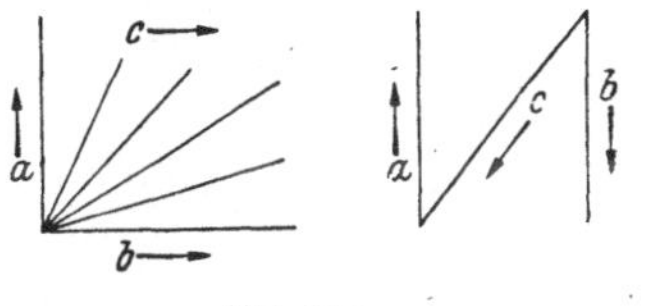

2. Die Geraden sind unter sich parallel. Die Darstellung im P. K. S. ist ein Nomogramm mit drei parallelen Skalenträgern, entweder nach Abb. 101 oder nach Abb. 102, je nachdem die Neigung der Geraden gegen die Abszissenachse des r. K. S. kleiner oder größer ist als 90°.

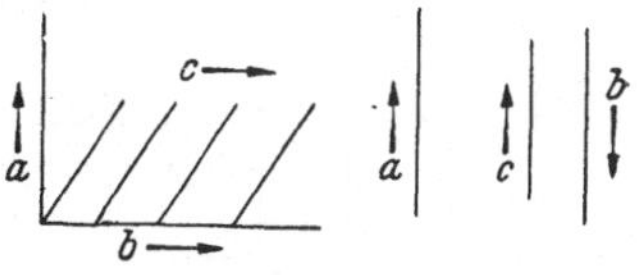

3. Die Geraden haben verschiedene Neigung gegen die *x*-Achse und schneiden sich nicht im Ursprung (vgl. Abb. 93). In diesem Falle erhalten wir bei der Darstellung in Parallelkoordinaten als mittleren Skalenträger eine Kurve, oder zum mindesten eine geneigte Gerade.

Zusammenfassend stellen wir weiter folgendes fest:

4. Kurvenscharen lassen sich nach Abschn. 20 in eine Schar gerader Linien verwandeln.

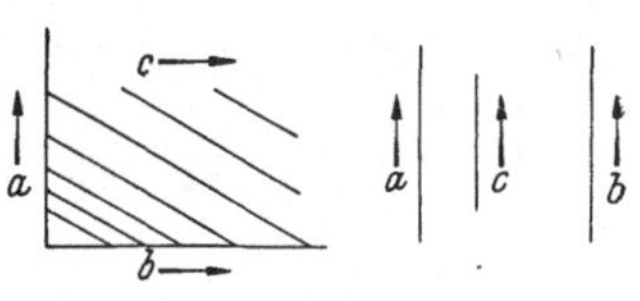

Bei gekoppelten Funktionen kann oft jeder einzelne Skalenträger zur Darstellung von zwei, unter Umständen sogar drei Variablen verwendet werden,

Abb. 100.

Abb. 101.

Abb. 102.

so daß es möglich ist, Nomogramme mit nur drei Skalenträgern für 4, 5 oder sogar 6 Veränderliche einzurichten.

Beispiel: In den Werkstattbüchern, Heft 71, S. 53 befindet sich die in der Abb. 103 wiedergegebene Rechentafel zur Ermittlung der Hauptzeit für Dreharbeiten. Der hierin dargestellte Zusammenhang zwischen den Variablen *v*, *d*, *n*, *L*, *s* und t_h ist in einer Leitertafel darzustellen.

Lösung: Da das Diagramm ausschließlich gerade Linien zeigt, kann es sich nur um einen einfachen mathematischen Zusammenhang handeln, der leicht aufzudecken ist. Wir besprechen zunächst die Achsenteilungen der gegebenen Darstellung und stellen fest:

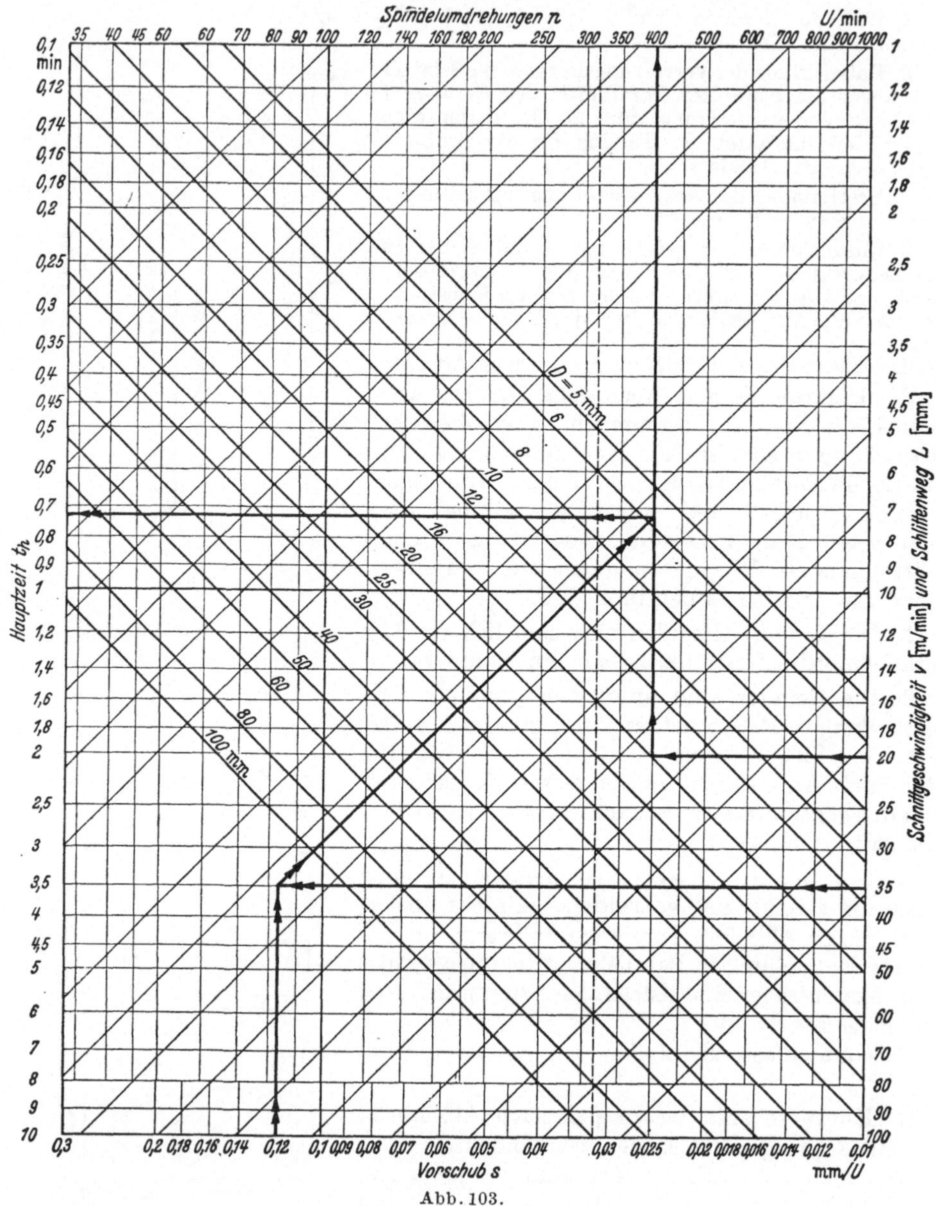

Abb. 103.

1. Alle Teilungen sind logarithmisch.

2. Die Teilungen für v und L sind identisch, d. h. sie haben den gleichen Teilungssinn und denselben Modul. Auch die Teilung für t_h ist die gleiche wie für v und L; die Argumente dieser Teilung unterscheiden sich lediglich durch den Faktor 10 gegen die der beiden anderen Variablen.

3. Auch die Teilungen für s und n haben den gleichen Modul; sie sind einander reziprok gemäß der Beziehung

$$s = \frac{10}{n}.$$

4. Wegen der in dem Diagramm (Abb. 103) dargestellten Scharen von geraden Linien schließen wir auf folgende Zusammenhänge:

$$u = f(u, d) = C_1 \cdot v^p \cdot d^q$$
$$t_h = f(L, s, n) = C_2 \cdot L^x \cdot s^y \cdot n^z.$$

Die Exponenten p, q, x, y und z können nur $+1$ oder -1 sein. Um sie festzustellen, werten wir das Diagramm in eine Zahlentafel um und erhalten Tabelle 10:

Wir erkennen daraus ohne weiteres die direkten und die umgekehrten Proportionalitäten und finden unschwer folgende Beziehungen

$$n = 318 \frac{v}{d}$$

$$t_h = \frac{L}{s \cdot n}.$$

Tabelle 10.

v	d	n	L	s	t_h für $n =$			
					500	200	100	50
10	20	160	20	0,02	2	5	10	20
20		320	40		4	10	20	40
30		480	60		6	15	30	60
10	50	64	20	1,0	0,4	1	2	4
20		128	40		0,8	2	4	8
30		192	60		1,2	3	6	12
10	100	32	20	0,2	0,2	0,5	1	2
20		64	40		0,4	1	2	4
30		96	60		0,6	1,5	3	6

Die Kombination der beiden Gleichungen führt zu der Endformel[1]

$$t_h = \frac{L \cdot d}{318 \cdot s \cdot v}. \qquad (30)$$

Damit berechnet sich für die Daten des in das Diagramm eingezeichneten Beispiels ($v = 20$; $d = 16$; $L = 35$; $s = 0,12$) t_h zu

$$t_h = \frac{35 \cdot 16}{318 \cdot 0,12 \cdot 20} = 0,73.$$

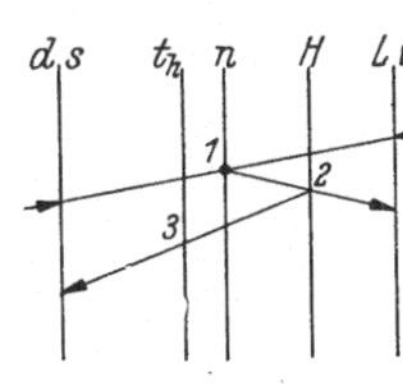

Abb. 104.

Abb. 105.

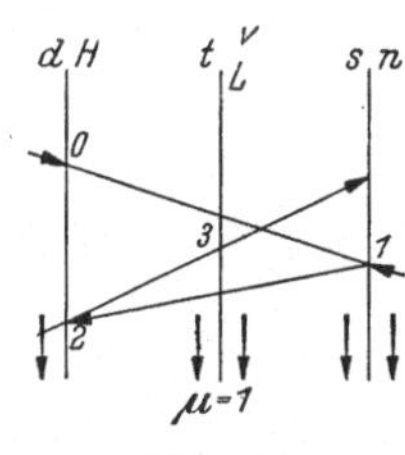

Abb. 106.

Wir überlegen nun, wie das Nomogramm anzulegen wäre unter Berücksichtigung der eingangs zusammengestellten Tatsachen:

Das Nomogramm für $n = f(d, v)$ macht keinerlei Schwierigkeiten; das Schema dafür zeigt Abb. 104. Will man nun, von n ausgehend, zu t_h gelangen, so macht sich die Einführung einer Hilfsgröße $H = f(L, n)$ erforderlich, über die dann erst t_h als Funktion von H und s ($t_h = f(H, s)$) gefunden werden kann. Das würde, selbst wenn man beispielsweise für s und d denselben Skalenträger benutzt (Abb. 105), immerhin 5 Skalenträger erfordern, von denen allerdings der eine — nämlich der für H — nicht geteilt zu werden brauchte. Ebenso, wie aber in dem gegebenen Diagramm bereits ein und dieselbe Achsenteilung für mehrere Variablen verwendet wurde, läßt sich dieses auch bei dem Nomogramm durchführen und die Zahl der Skalenträger läßt sich dann auf drei reduzieren, wie dies grundsätzlich die Abb. 106 andeutet. Das hiernach ausgeführte Nomogramm, in das dasselbe Beispiel eingezeichnet ist, wie es das Diagramm zeigte, bringen wir in Abb. 107. Man erkennt, daß die Zuordnung der Skalen auf den einzelnen Skalenträgern die nämliche ist wie in dem Diagramm, von dem wir ausgingen.

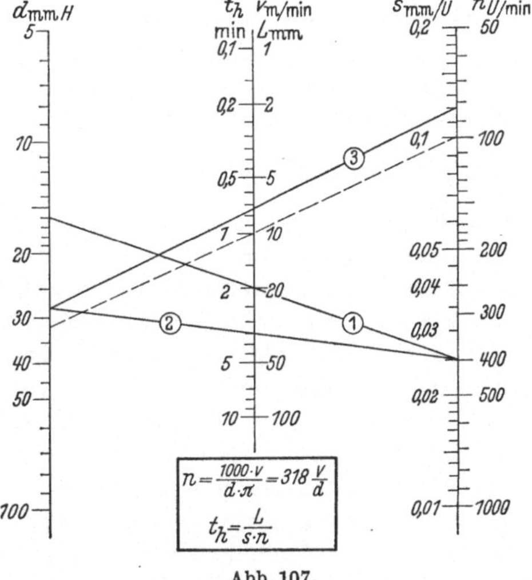

Abb. 107.

b) Diagramme nach Abb. 108 lassen sich dadurch, daß man statt der vielen Geraden nur *eine* benutzt, die man dann aber in Richtung der Abszissenachse verschiebbar einrichtet, leicht in eine Art Rechenschieber umbilden (Abb. 109).

---

[1] $318 \sim \dfrac{1000}{\pi}$.

Beispiel: Für den Zusammenhang

$$H = E_M \sin \gamma$$

soll ein Rechenschieber entworfen werden, bei dem nach Einstellung der Werte E_M und γ unmittelbar der zugehörige Wert H abgelesen werden kann.

Lösung: In einem r.K.S. mit logarithmisch nach E geteilter Abszisse und ebenso nach H geteilter Ordinate erhält man für γ eine Schar paralleler Geraden (Abb. 110). Den hiernach entwickelten Rechenschieber zeigt Abb. 111.

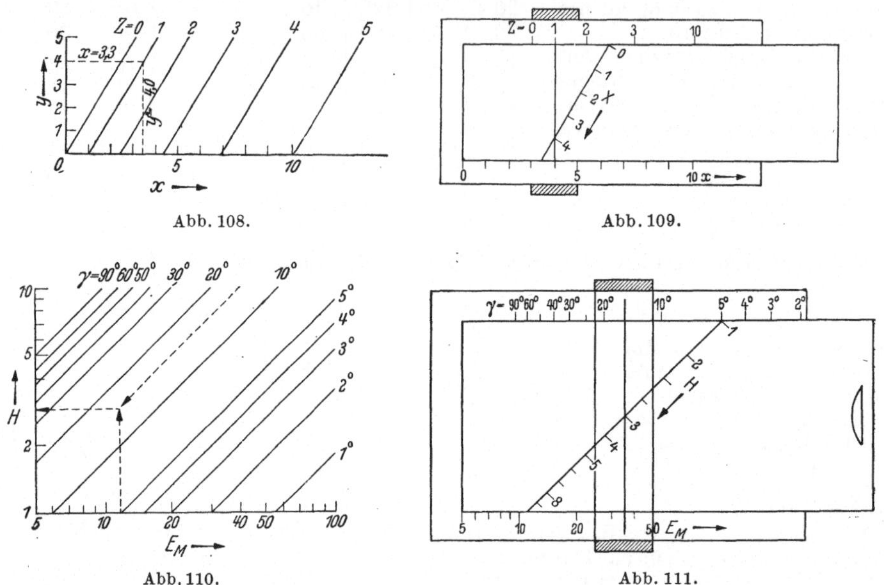

Abb. 108.   Abb. 109.

Abb. 110.   Abb. 111.

21. Graphische Darstellungen als Grundlage für mechanische Rechenhilfsmittel.

a) Die graphischen Darstellungen sind nicht allein selbständige Rechenhilfsmittel, sondern bilden auch vielfach die mathematische Grundlage für die Mechanisierung von Auswerte- und sonstigen Rechenvorgängen. Wenn wir es uns auch an dieser Stelle versagen müssen, auf die rein mechanischen Rechenhilfsmittel — deren Hauptmerkmale ja im wesentlichen *technische* sind — näher einzugehen, so wollen wir sie doch wenigstens kurz einmal von ihrer *mathematischen* Seite betrachten. Denn solche mathematischen Untersuchungen sind teils die *Voraussetzung* für die Mechanisierung irgendeines Rechenhilfsmittels, teils sind sie die *Folge* irgendeines zur Anwendung gebrachten technischen Prinzips. Wir behandeln hier lediglich die grundlegenden Möglichkeiten zur Ausführung der mechanischen Addition und Subtraktion, der Multiplikation und Division und schließlich das Linearmachen funktioneller Zusammenhänge mit Hilfe von Steuerkurven.

b) Die *mechanische Addition und Subtraktion* erfolgt entweder durch Addition bzw. Subtraktion von Strecken oder von Winkeln. Als Beispiel für die mechanische Addition von Strecken nennen wir den logarithmischen Rechenschieber mit seinen vielfachen Abwandlungen. Zur Addition von Winkeln dienen zunächst Kreisscheiben (z. B. Rechenscheiben), aber auch die verschiedenen Zahnradübertragungen — z. B. die schrittweise fortgeschalteten Zahnräder der auf den Mathematiker Leibniz zurückgehenden mechanischen Rechenmaschinen, die Kilometerzähler der Autos, Schrittzähler usw. — gehören hierher.

Zum *Rechenschieber* wäre noch folgendes zu sagen: Er leistet uns genau dieselben Dienste wie eine Rechentafel nach der Methode der fluchtrechten Punkte (Nomogramm). Die gegenseitigen Beziehungen der beiden Rechenhilfsmittel veranschaulichen die Abb. 112 und 113. Das Nomogramm arbeitet mit drei festen Skalen, während der Rechenschieber zur Lösung der gleichen Aufgabe nur zwei Skalen benötigt, die aber gegenseitig verschiebbar angeordnet sein müssen. Das Nomogramm führt die Addition auf Grund geometrischer Beziehungen durch, beim Rechenschieber werden die zu addierenden Größen mechanisch aneinander gelegt. Beide Hilfsmittel lösen Aufgaben von der Grundform

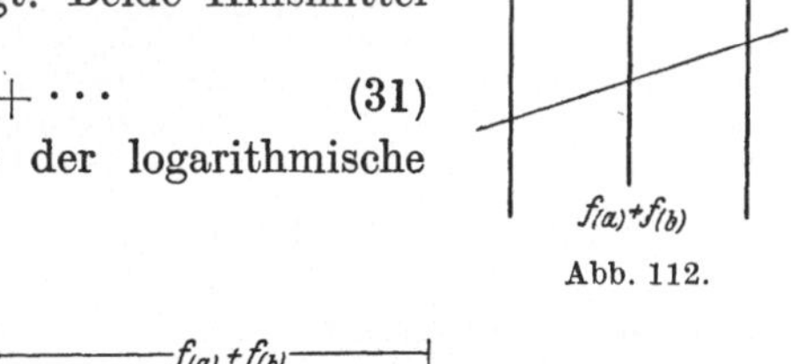

Abb. 112.

$$f(x) = f(a) + f(b) + f(c) + \cdots \qquad (31)$$

Der bekannteste Rechenschieber ist der logarithmische Rechenschieber zur Lösung der Aufgabe

$$c = a \cdot b,$$

die durch Logarithmieren auf die Form unserer Grundgleichung (18) gebracht wurde

$$\lg c = \lg a + \lg b.$$

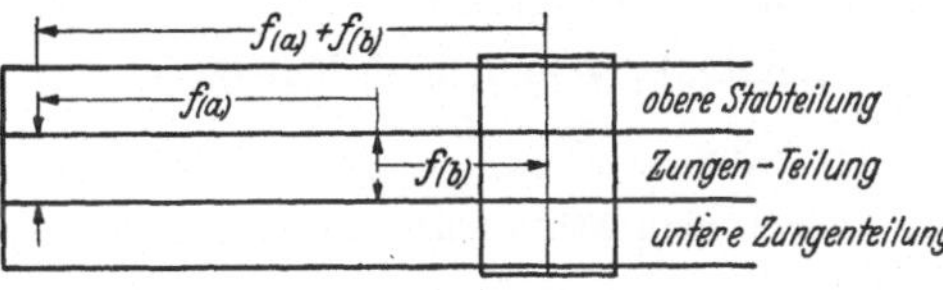

Abb. 113.

Auch für viele andere Zusammenhänge sind Spezialrechenschieber entwickelt worden.

Das Wesen der Teilungen für Rechenschieber wie für Nomogramme ist das gleiche: Hier wie dort werden Funktionsskalen verwendet, bei denen an die einzelnen Teilstriche nicht die *Funktionswerte*, sondern die ihnen zugeordneten *Argumente* angeschrieben sind.

Beispiel: Mit Hilfe der in Abb. 114 dargestellten Doppelskala für x^2 ist die Aufgabe $x = \sqrt{4{,}5^2 + 6{,}5^2}$ zu lösen.

Lösung: Die Skala gibt für $4{,}5^2 = 20{,}2$

,, $6{,}5^2 = 42{,}2$

somit ,, $x = \sqrt{20{,}2 + 42{,}2} = \sqrt{62{,}4}$.

Die Skala gibt wieder $\sqrt{62{,}4} = 7{,}9_0$. — Man erkennt nun leicht, daß man *ohne* die Zwischenwerte für $4{,}5^2$ und $6{,}5^2$ auf folgende Weise zu dem gleichen Ergebnis gekommen wäre: Man hätte doch nur die Strecken für $x_1 = 4{,}5$ und $x_2 = 6{,}5$ auf der x-Teilung abzugreifen und zu addieren brauchen, um mit der Länge $(x_1 + x_2)$ — die ja in Wirklichkeit dem Wert $x_1^2 + x_2^2$ entspricht — auf den gesuchten Wert 7,9 zu kommen. Damit ist eben auch das Prinzip des die gleiche Aufgabe lösenden Rechenschiebers gegeben: Die Teilungen für $f(a)$ und $f(b)$ in Abb. 113 brauchen nur als gewöhnliche quadratische Skalen — entsprechend der mittleren Teilung in Abb. 112 — gezeichnet zu werden. Um in dem Intervall $x]_0^{3,16}$ bzw. $x^2]_0^{10}$ genauer interpolieren zu können, würde man die untere Skala in diesem Intervall teilen, die obere hingegen für $x]_0^{10}$ bzw. $x^2]_0^{100}$. Im übrigen bestimmt der Zweck nicht nur hier, sondern bei jedem Rechenhilfsmittel den Teilungsbereich bzw. -umfang.

Auch für die *mechanische Fortschaltung* um eine bestimmte Anzahl ganzzahlwertiger Intervalle zum Zwecke der Addition bzw. Subtraktion bringen wir zwei Beispiele:

1. Beispiel: 1. Die Berechnung des zu einem gegebenen Datum zugehörigen Wochentages ist recht einfach auf Grund folgender Überlegungen: Der 1. 1. 1900 war ein Montag.

Man setze nun für die einzelnen Wochentage folgende Zahlen:

Tabelle 11.

Mo.	Di.	Mi.	Do.	Fr.	Sa.	So.
$d = w = 1$	2	3	4	5	6	7 oder 0

Abb. 114.

Alle 7 Tage wiederholen sich diese Zahlen, so daß z. B. die Zahl 38 einem Mittwoch entspricht, weil ja 0, 7, 14, 28, 35 usw., also jeweils jedes ganze Vielfache von 7, einem Sonntag entspricht; $38 = 35 + 3 = 0 + 3$ also Mittwoch.

Jeder Monat hat zwischen 28 und 31 Tage; der für die Wochentagberechnung in Frage kommende Überschuß über $4 \times 7 = 28$ beträgt m Tage (Tabelle 12).

Tabelle 12.

Jan.	Febr.	März	April	Mai	Juni	Juli	Aug.	Sept.	Okt.	Nov.	Dez.
$m = 0$	3	3	6	1	4	6	2	5	0	3	5

Die Zahlen 3 für März, 6 für April usw. gelten indes nur für *gewöhnliche* Jahre; für jedes *Schaltjahr* kommt noch ein überschüssiger Tag — der 29. Februar! — hinzu. Die Zahl der zu berücksichtigenden Schaltjahre bezeichnen wir mit s.

Aus diesen Feststellungen ergibt sich folgendes Verfahren zur Berechnung der Wochentage aus dem Datum für die Jahre von 1900 ab:

1. Jahr (ohne das Jahrhundert) . . . $= j$ oder der Rest von $\dfrac{j}{7}$.

2. Zahl der Schaltjahre . . . . . . $= s = \dfrac{j}{4}$ (ganze Zahlen, ohne den Rest!).

3. Monatsüberschuß nach Tabelle 11 $= m$.

4. Datum . . . . $= d$ oder Rest von $\dfrac{d}{7}$.

Diese vier Zahlen zählt man zusammen, teilt durch 7 und schließt aus dem Rest w auf den Wochentag:

$$\frac{j + s + m + d}{7} = n + w. \tag{31}$$

Danach fiel der 4. Mai 1943 auf einen Dienstag, denn $j = 1$; $s = 10$; $m = 1$; $d = 4$; $\dfrac{1 + 10 + 1 + 4}{7} = \ldots$ Rest 2, also Dienstag; oder der 19. April 1915 war ein Montag, denn $\dfrac{1 + 3 + 6 + 5}{7}$ hat den Rest 1.

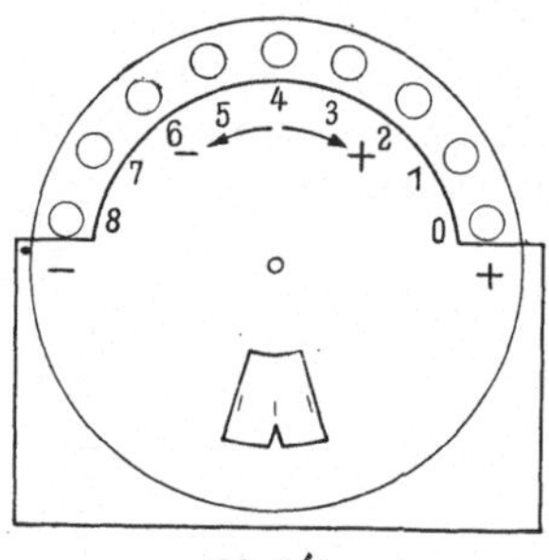

Abb. 105.

Um diese einfache Rechnung zu mechanisieren, kann man etwa eine Kreisscheibe benützen, die entsprechend der Schritte, die man durch Striche oder eine Zahnung oder Lochung markiert, derart teilt, daß auf den Kreisumfang 7, 14 oder 21 Teile entfallen. Die Scheibe wird in einem Rahmen, der für die Ablesung der Ergebnisse ein besonderes Fenster hat, drehbar angeordnet (Abb. 105). Die Handhabung ist einfach:

1. Einstellung der Ausgangszahl 0.
2. Drehen der Scheibe nacheinander um die Schritte j, s, m und d.
3. Ablesen des Wochentags in dem Fenster.

2. **Beispiel:** In der Photographie spielt die Vorausbestimmung der richtigen *Belichtungszeit* eine wesentliche Rolle. Diese Zeit ist abhängig von der *Blendenöffnung*, von der *Empfindlichkeit* des verwendeten Filmmaterials und endlich von der *Objekthelligkeit*. Diese letztere wieder ist bedingt durch Aktinität des Tageslichts, also abhängig von der Jahres- und Tageszeit, von der Bewölkung, nicht zuletzt auch von der Art, Lage und Farbe des Objekts, so daß also die gesuchte Belichtungszeit — mathematisch gesprochen — eine Funktion von mehr als einem halben Dutzend Variablen ist.

Die Bewertung all dieser Einflüsse wird erheblich vereinfacht, wenn man die einzelnen Variablen jeweils in solchen Intervallen verändert, daß der Funktionswert — also die Belichtungszeit — durch jedes Intervall für jede Variable in immer der nämlichen Weise verändert wird. Am einfachsten wäre es also, wenn man die „Sprünge" der einzelnen Argumente so wählt, daß die zwei aufeinanderfolgenden Argumenten zugeordneten Belichtungszeiten sich wie 1 : 2 verhalten. Tatsächlich hat man das auch getan; die üblichen, an den Verschlüssen angeschriebenen und dort einstellbaren Belichtungszeiten sind nämlich:

$$\tfrac{1}{100} \quad \tfrac{1}{50} \quad \tfrac{1}{25} \quad \tfrac{1}{10} \quad \tfrac{1}{5} \quad \tfrac{1}{2} \quad 1 \quad 2 \quad 5 \quad 10 \text{ sek.} \tag{32}$$

Diese Reihe weicht allerdings von der strengen Potenzreihe für die Basis 2:

$$1 \quad 2 \quad 4 \quad 8 \ldots$$

etwas ab, doch sind diese Abweichungen, die bis zu 25 % betragen, praktisch belanglos, schon weil die automatischen Verschlüsse auch nur innerhalb von Fehlergrenzen der gleichen Größenordnung präzis arbeiten.

1. **Blendenöffnung.** Die Blendenöffnungen werden angegeben als Bruchteile der Objektivbrennweite f. Die Bezeichnung „Blende 4,5" besagt also, daß der Durchmesser

der Blendenöffnung $\frac{1}{4,5} \cdot f = f : 4,5$ beträgt. Da bei doppeltem Blendendurchmesser die Blende die vierfache Menge Lichts hindurchläßt, die Belichtungszeit also auf den vierten Teil der ursprünglichen herabgeht, müssen in der Reihe der Blendenöffnungen zwei aufeinanderfolgende sich wie $1 : \sqrt{2}$ verhalten, wenn die ihnen zugeordneten Belichtungszeiten sich wie $2 : 1$ verhalten sollen. Daher die Reihen

$$\left.\begin{array}{llllllll} f: & 2,8 & 4 & 5,6 & 8 & 11 & 16 & 22 \text{ usw. oder} \\ f: & 4,5 & 6,3 & 9 & 12,5 & 18 & \text{usw.} \end{array}\right\} \tag{33}$$

Von Blende 4 zur Blende 11 sind es also drei Schritte oder „Sprünge", von Blende 4,5 bis zur Blende 18 sind es vier usw.

2. **Filmempfindlichkeit.** Die Empfindlichkeit des Aufnahmematerials wird heute nach DIN[1]-Graden (^{0}DIN) gemessen. Die Reihe der Empfindlichkeiten, die Belichtungszeiten erfordern, die sich jeweils wie $1 : 2$ verhalten, ist

$$^0\text{DIN} \quad \frac{24}{10} \quad \frac{21}{10} \quad \frac{18}{10} \quad \frac{15}{10} \quad \frac{12}{10} \quad \text{usw.}$$

3. **Objekthelligkeit.** Als dritte und letzte Variable, die die Belichtungszeit bestimmt, bleibt die Objekthelligkeit, die ihrerseits wieder von mehreren Faktoren abhängig ist. Man hat rein empirische Tabellen aufgestellt, die die Sprünge für die einzelnen Monate, Tagesstunden, Bewölkungsgrade sowie für die einzelnen Objekte enthalten. Man entnimmt diesen Tabellen die für die gegebenen Verhältnisse in Rechnung zu setzenden Sprünge, addiert sie und berechnet daraus die erforderliche Belichtungszeit t — numerisch oder mit einem einfachen Rechenhilfsmittel, das grundsätzlich genau so aufgebaut ist wie das des vorigen Beispiels — auf Grund der Beziehung

$$t = 2^{i-q}, \tag{34}$$

wobei q eine Konstante, i die vorstehend beschrieben gefundene Summe der Sprünge bedeutet. Die in Sekunden gemessene Belichtungszeit ist je länger, je größer die Summe i ist. Die Teilwerte, aus denen i sich zusammensetzt, können aus folgender Zusammenstellung entnommen werden:

Tabelle 13. Jahreszeit und Stunde.

Monat	7^h	10^h	12^h	14^h	16^h MOZ.[2]
November, Dezember, Januar	—	3	2	3	—
Februar, Oktober	3	2	1	2	3
März, April, August, September	2	1	0	1	2
Mai, Juni, Juli	1	0	0	0	1

Tabelle 14. Sonne.

Wolkenlos bis $^1/_4$ bedeckt	$^1/_2$ bedeckt	$^3/_4$ bis ganz bedeckt	trübe
0	1	2	3

Tabelle 15. Gegenstand.

Strand off. Schnee-Landsch.	Landschaft	enge Gassen lichter Wald	dunkler Wald helles Zimmer
0	3 ± 1	6 ± 2	9 ± 2

Tabelle 16. Blende.

6,3	9	12,5	18
0	1	2	3

Für die Werte dieser Tabellen — die wohlgemerkt lediglich Relativzahlen sind — gilt die Beziehung

$$t = 2^{i-11} = 2^n. \tag{35}$$

Tabelle 17. Die Empfindlichkeit.

$\frac{21^0}{10}$	$\frac{18^0}{10}$	$\frac{15^0}{10}$	$\frac{12^0}{10}$
0	1	2	3

Tabelle 18. Gelbfilter.

0	hell	mittel	dunkel
0	1	2	3

---

[1] DIN = Deutsche Industrie-Norm.

[2] MOZ. = mittlere Ortszeit (im Gegensatz zu MEZ. = mitteleuropäische Zeit und DSZ. = Deutsche Sommerzeit).

Zur numerischen Auswertung der Formel müßte man die höheren Potenzen von 2 auswendig wissen:

Tabelle 19.

$n =$ 0	1	2	3	4	5	6	7
$2^n =$ . . . 1	2	4	8	16	32	64	128

Will man beispielsweise im Mai vormittags um 11, bei klarem Wetter und Sonnenschein, bei Blende 9 und der Filmempfindlichkeit $\frac{21^0}{10}$ einen offenen Platz photographieren, so wird

$$i = 0 + 0 + 2 + 1 + 0 = 3, \text{ somit } t = 2^{3-11} = 2^{-8} = \frac{1}{250} \text{ sek.}$$

Die gegebenen 6 Einzeltabellen lassen sich zu einer einzigen zusammenziehen, etwa so

Tabelle 20.

Jahreszeit und Stunde . . . . 0 — 3
Sonne . . . . 0 — 3
Gegenstand . . . . 0 — 3 — 6 — 9

Für Blende 6,3 und die DIN-Empfindlichkeit $\frac{21}{10}$ gilt

$$\boxed{t = 2^{i-11}}$$

Es ist t für

$i =$	4	5	6	7	8	9	10	11	12	13	14
$t =$	$^1/_{250}$	$^1/_{100}$	$^1/_{50}$	$^1/_{25}$	$^1/_{10}$	$^1/_5$	$^1/_2$	1	2	4	8 sek

Auf die Möglichkeit, diese Tabelle genau auf die gleiche Weise zu „mechanisieren", wie dies im vorigen Beispiel beschrieben wurde, haben wir oben bereits hingewiesen (Abb. 105).

Die praktische Auswertung derartiger Tabellen ist nun eine durchaus *subjektive* Angelegenheit; selbstanzeigende Belichtungsmesser, deren photometrisches Element eine lichtempfindliche Zelle ist, bewerten die Objekthelligkeit *objektiv*. Sie sind so eingerichtet, daß sie die erforderliche Belichtungszeit für das betreffende Objekt und für eine bestimmte Blendenöffnung sowie Empfindlichkeit direkt abzulesen gestatten, und zwar nach der oben begründeten Reihe (32).

Die Umrechnung auf eine andere Blendenöffnung oder Filmempfindlichkeit erfordert also nur die Bestimmung der Zahl der Sprünge, um welche sich die Belichtungszeit verlängert (+) oder verkürzt (—). Nehmen wir beispielsweise an, daß für die Blende $B = 1 : 8$ und die Empfindlichkeit $E = \frac{15^0}{10}$ DIN eine Belichtungszeit von $^1/_{10}$ sek gemessen wurde

und wollen wir diese Belichtungszeit auf $B = 1 : 6,3$ und $E = \frac{21^0}{10}$ DIN umrechnen, so überlegen wir:

von $B = 1 : 8$ bis $1 : 6,3$ ist es 1 Sprung, also —1

von $E = \frac{15}{10}$ bis $\frac{21}{10}$ sind es 2 Sprünge, also   —2

zusammen: —3

Also ist die Belichtungszeit um 3 Sprünge zu verkürzen und beträgt somit $^1/_{100}$ sek.

Man kann die Umrechnung auch mit Hilfe einer kleinen Tabelle vornehmen, in der man

Tabelle 21.

F	Δi	E	Δi
6,3	—1	12	+1
8	0	15	0
11	+1	18	—1
16	+2	21	—2

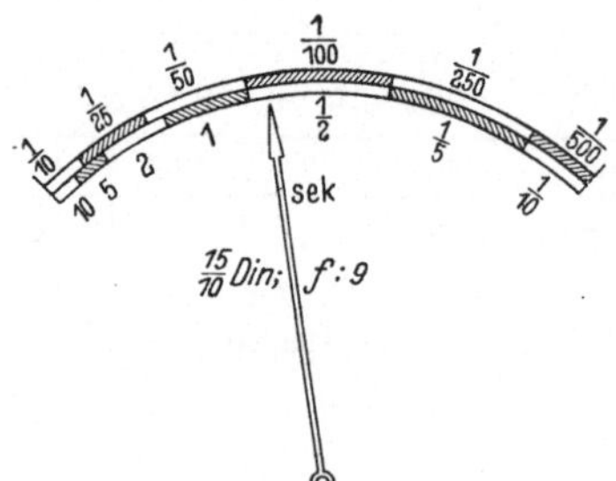

Abb. 116.

die Blendenöffnungen und Empfindlichkeiten sowie die zugehörigen „Sprünge" zusammenstellt. Danach bestimmt man die erforderlichen Sprünge, die man bei der gemessenen Belichtungszeit vor- oder zurückgehen muß, und kann dann direkt von der Meßskala die umgerechnete Belichtungszeit ablesen (Abb. 116 bzw. Tabelle 21).

Eine graphische Lösung deutet Abb. 117 an: Eine feste Kreisteilung ist teils nach den Belichtungszeiten, teils nach den Empfindlichkeiten in DIN-Graden geteilt. Auf der Peripherie einer darüber zentrisch drehbaren Kreisscheibe sind ferner in der gleichen Weise und mit den gleichen Intervallen die Blendenöffnungen und genau die gleichen Belichtungszeiten aufgetragen, und zwar derart, daß bei Übereinanderstellung der Blendenöffnung und der Empfindlichkeit, für welche der Belichtungsmesser richtig anzeigt, auch die gleichen Belichtungszeiten übereinanderstehen. Stellt man dann, durch Drehen der Kreisscheibe, andere Blenden-öffnungen und Empfindlichkeiten übereinander, so ordnet man damit gleichzeitig auch die zusammengehörigen Belichtungszeiten, also auch die gemessene und die umgerechnete Belichtungszeit einander zu.

c) Wir kommen zur Mechanisierung der Multiplikation und Division und besprechen hier lediglich einige technische Einrichtungen, die man bei Nomogrammen vorgenommen hat, um ihre Anwendung zu erleichtern. Denn wenn auch die Nomogramme in ihrer gebräuchlichen, unmittelbar vom Zeichner gelieferten Ausführung an sich schon einen großen Fortschritt in bezug auf die Bequemlichkeit der Durchführung numerischer Berechnungen bedeuten, so geht das Bestreben doch vielfach dahin, den Gebrauch dieser Rechenhilfsmittel noch weiter zu vereinfachen und ihre Benutzung auch Nichtfachleuten zu ermöglichen. Auch die Steuerung irgendwelcher anderer Rechenvorrichtungen durch nomographisch ermittelte Zwischenwerte wäre denkbar.

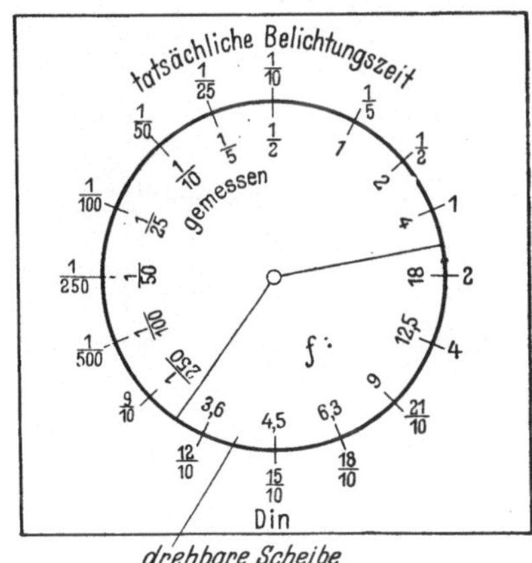

drehbare Scheibe

Abb. 117.

d) Ein erster Schritt zur Mechanisierung der Nomogramme ist die Verbindung des auswertenden Lineals mit der Rechentafel, wie dies Abb. 18 zeigt. Es handelt sich hier um eine gewöhnliche Rechentafel mit logarithmischen Teilungen zur Auswertung der Gleichung

$$v = \frac{s}{t}. \qquad (36)$$

Die Tafel ist unsymmetrisch, d. h. die Skala für s ist nicht in der Mitte zwischen den beiden anderen angeordnet, sondern teilt deren Abstand im Verhältnis 1 : 2. Es ist das die Folge der verschiedenen Bereiche für t und v; t erstreckt sich über eine ganze Zehnerpotenz, v hingegen nur über etwa eine halbe, so daß, wollte man gleiche Längen für die Teilungen haben, sich die Einführung verschiedener Moduln als notwendig erwies. Die Verschie-denheit der Moduln der äußeren Skalen bedingte dann nach Gleichung (22) die verschiedenen Abstände.

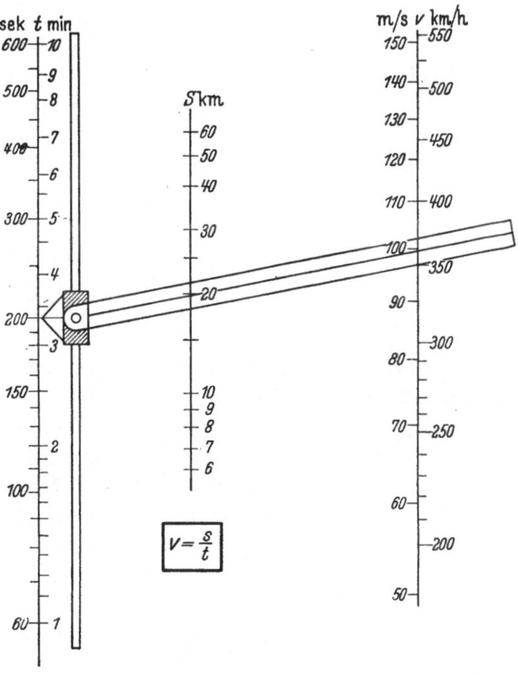

Abb. 118.

Der Skalenträger für t ist hier als Führungsschlitz ausgebildet, in dem ein Schieber läuft. Auf diesem Schieber, der eine Ablesemarke für die seitlich herausgerückte t-Teilung besitzt, ist drehbar das Auswertelineal angeordnet; es besteht aus Zellon oder Plexiglas und trägt einen feinen Strich in der Mitte. Über den Gebrauch dieses Nomogramms ist nichts Neues zu sagen.

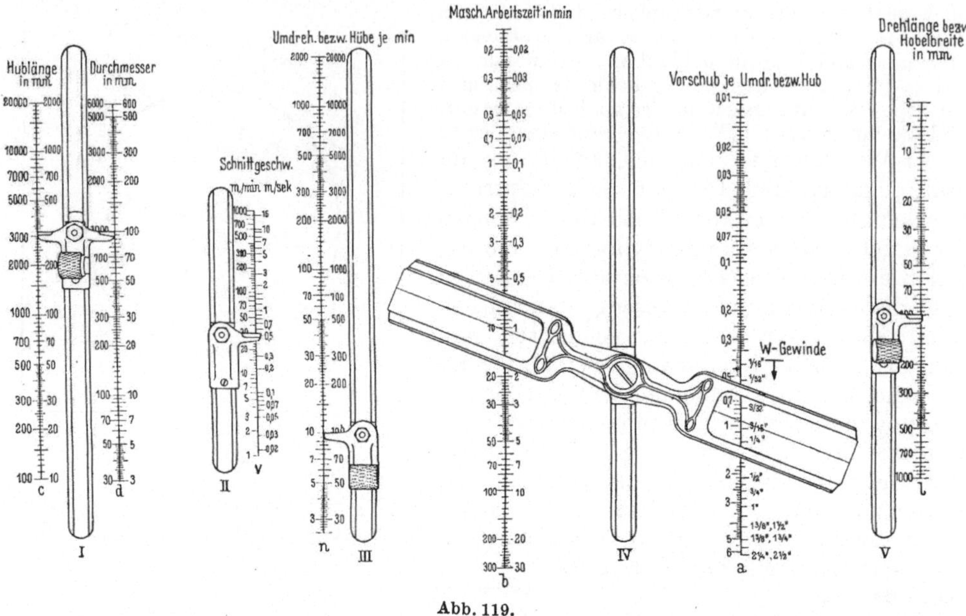

Abb. 119.

e) Auch für verwickeltere Zusammenhänge lassen sich ähnlich mechanisierte Nomogramme angeben. In Abb. 119 ist ein mechanischer Zeitrechner „Kalkulus" der Fa. Hahn & Kolb in Stuttgart dargestellt. Er dient zur Berechnung der bei Dreh- und Hobelarbeiten aufzuwendenden Arbeitszeit t, wenn gegeben sind: die Hublänge bzw. der Durchmesser d, die Schnittgeschwindigkeit v, die Drehlänge bzw. Hobelbreite L und der Vorschub bzw. Hub s; als Zwischenwert kann noch die Zahl n der Umdrehungen bzw. Hube abgelesen werden.

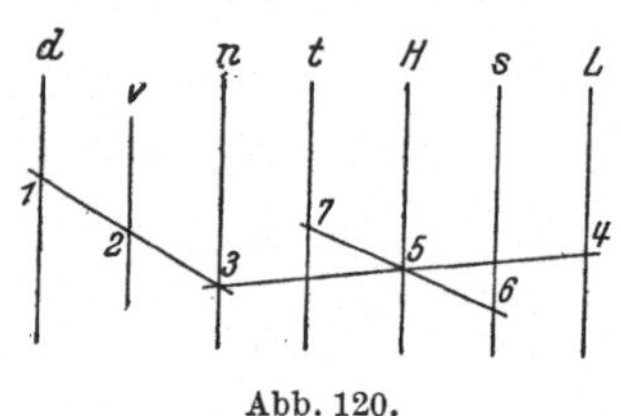

Abb. 120.

Die Anordnung der Skalen bei dem ursprünglichen Nomogramm zeigt Abb. 120. Die eingeschriebenen Zahlen geben die Reihenfolge der Einstellungen bzw. Ablesungen an. H ist eine nicht bezifferte Hilfsteilung (vgl. Abschn. 17).

f) Eine andere Möglichkeit, die Einstellung der Werte bei Nomogrammen zu mechanisieren, zeigt Abb. 121. Da es sich hierbei jedoch lediglich um eine technische Besonderheit — die Art der Werteeinstellung durch einen Trieb — handelt, braucht darauf nicht näher eingegangen zu werden.

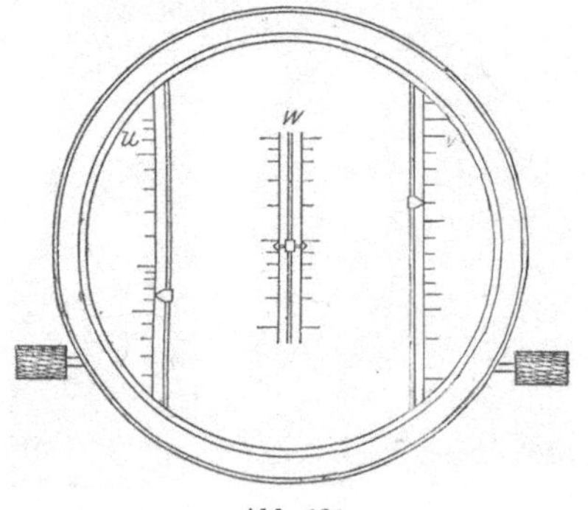

Abb. 121.

g) Von den graphischen Darstellungen, die als Grundlage für die Mechanisierung von Auswerte- und sonstigen Rechenvorrichtungen dienen, besprechen wir als letzte die sog. *Steuerkurven.* Das Problem ist hier die mechanische Umformung irgendwelcher Funktionsskalen in lineare oder anders funktionell geteilte Skalen. Gerade bei noch

weitergehender Mechanisierung von Nomogrammen und sonstigen Auswertehilfs-
mitteln, als wir sie hier behandelten, spielt diese Aufgabe eine überaus wichtige
Rolle. Wir befassen uns hier lediglich mit der mathematischen Seite des Problems
und beschäftigen uns zunächst mit dem konkreten Fall der Umformung der logarithmischen Teilung in eine lineare. Das Problem besteht hier darin, durch Einstellung einer Marke od. dgl. auf einer *logarithmischen* Teilung eine andere Marke
so zu steuern, daß sie sich auf ihrem Skalenträger in *linearer Progression* bewege;
oder auch — was in praktischen Fällen meistens gefordert sein wird — umgekehrt.
Die Aufgabe kann mit Rücksicht auf eine bestimmte technische Ausführung auf
mannigfache Art gelöst werden; immer läuft indes die Lösung über eine sog. *Steuerkurve.* Wir haben auch hier wieder die beiden grundsätzlichen Lösungsmöglichkeiten:
Man kann fordern, daß die lineare Progression der einen — steuernden oder gesteuer-
ten — Marke auf einer geraden Linie *oder* daß sie auf einem Kreisbogen erfolge.

h) In Abb. 122 sei AC eine logarithmische, EG die ihr zugeordnete lineare
Teilung. Beide Teilungen seien gleich lang. Das Stück CE sei ebenfalls gleich der
Teilungslänge AC bzw. EG. Es soll nun eine Steuerkurve entwickelt werden, die den
Werten B der logarithmischen
Skala die gleichen Werte F auf
der linearen Skala zuordnet, und
zwar dadurch, daß in jedem
Falle die Länge $B—C—D—E—F$
dieselbe, also konstant, und zwar
gleich AE bzw. CG sei.

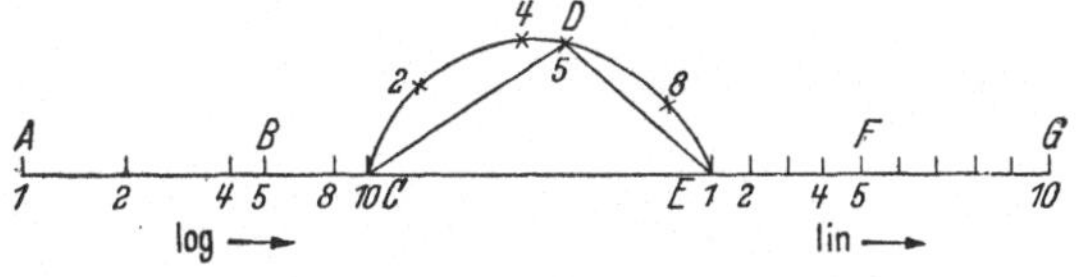

Abb. 122.

Diese Forderungen schließen bereits die Lösung in sich. Bewegt sich beispielsweise die Marke auf der logarithmischen Teilung von *1* nach *2,* so darf die auf
der linearen Teilung sich auch nur von *1* nach *2* bewegen. Die direkte Entfernung
von *2* (log) nach *2* (lin) ist aber kürzer als die von *1* (log) nach *1* (lin). Um den
Unterschied ist der Weg CDE über die betreffenden Punkte der Steuerkurve länger
als die unmittelbare Verbindung CE. Für den Punkt *5* der Steuerkurve hat man
also: $CD = AB$ und $ED = FG$. Auf die nämliche Weise sind auch die übrigen
Punkte der Steuerkurve ent-
standen.

Die Steuerkurve hat hier
annähernd die Form eines
Kreisbogens, was zu wissen
für die technische Ausführung nicht unwichtig ist. Damit drängt sich aber sofort
die Frage auf: Wie große
Fehler entstehen, wenn die
genaue Steuerkurve durch
einen Kreis ersetzt wird?
Und noch eine ganze Reihe

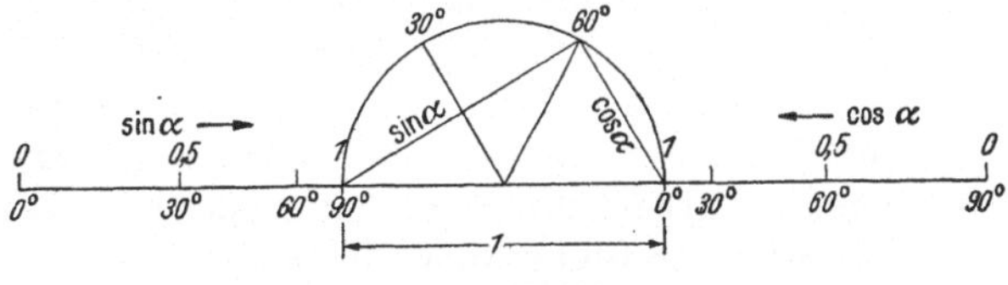

Abb. 123.

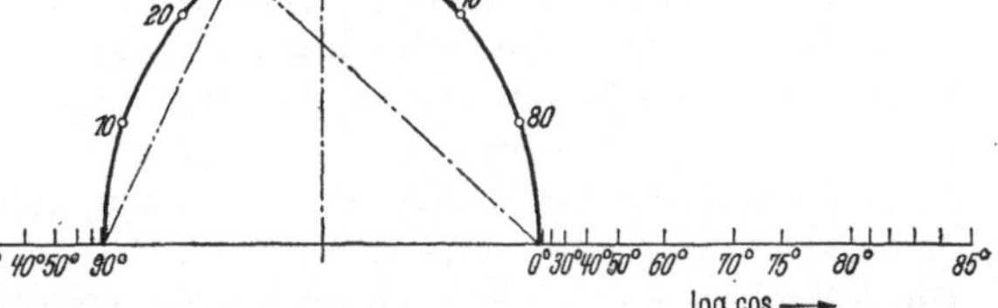

Abb. 124.

anderer Fragen könnten gestellt werden, deren Diskussion indes erst im Zusammenhang ganz bestimmter Aufgaben akut wird und deshalb hier unterbleiben kann.

i) Abb. 123 zeigt die Umformung der sin-Teilung in die cos-Teilung. Die Steuerkurve ist hier aus leicht einzusehenden Gründen ein genauer Halbkreis. Abb. 124
endlich zeigt die Lösung der gleichen Aufgabe für lg sin und lg cos.

4*

k) Das Verfahren der Umformung ändert sich mit der Problemstellung. Soll beispielsweise eine Steuerkurve gefunden werden, die bei einer Drehung um einen Winkel α auf einer Teilung die zu α gehörigen Funktionswerte $f(\alpha)$ abschneidet (Abb. 125 u. 126), so deutet die Problemstellung bereits die Lösung an: die linearen Drehungswinkel, die entsprechend den Argumenten der Funktionsskala beziffert sind, sind entweder auf dem ganzen Kreisumfang ($= 360°$)

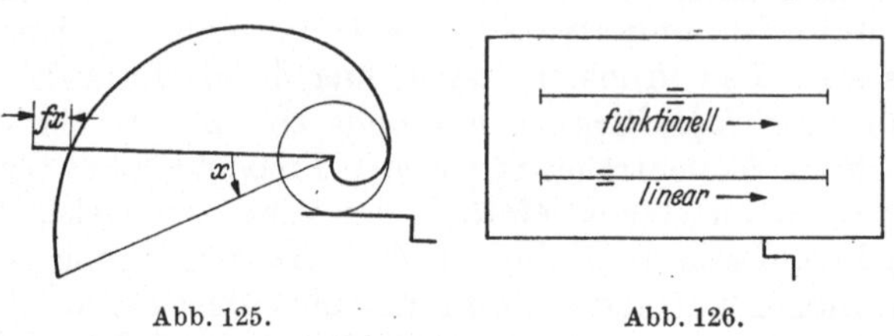

<table><tr><td>Abb. 125.</td><td>Abb. 126.</td></tr></table>

oder nur auf einem Teile desselben (Abb. 127) verteilt. Die Radien der Steuerkurven sind gleich den Entfernungen vom Drehpunkt bis zu dem zugeordneten Wert der funktionellen Teilung.

Mit dieser grundsätzlichen Lösung treten wiederum eine Anzahl andere, vor allem für die technische Durchführung wichtige Probleme auf; so interessiert hier z. B. die Abhängigkeit der Größe des Winkels, unter dem die Steuerkurve die gegebene Funktionsteilung schneidet, die Änderung der Verhältnisse durch Verlagerung des Drehpunktes usw.

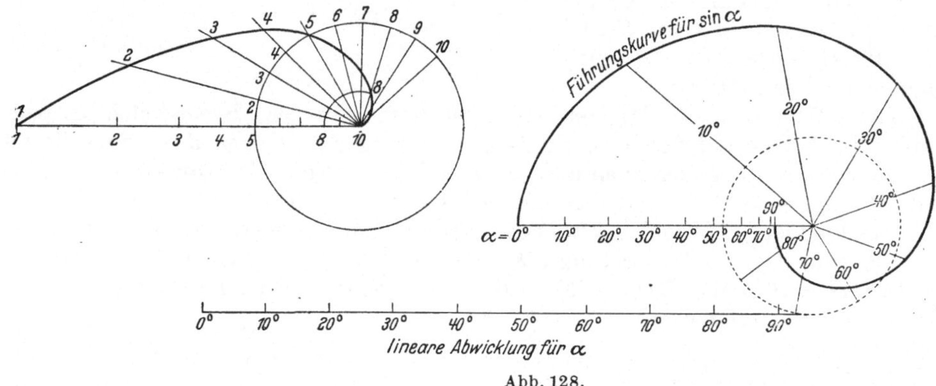

Abb. 128.

l) Abb. 127 zeigt die nach dem oben besprochenen Prinzip aus den linearen Drehwinkeln x entwickelte Steuerkurve für lg x und Abb. 128 die nach dem gleichen Prinzip entwickelte Steuerkurve für sin α.

IV. Die Aufgabenstellung der Praxis.

Im vorstehenden ist innerhalb des gesteckten Rahmens das Wesentliche über die Theorie des graphischen Rechnens gesagt, und es wurden die Methoden behandelt, die zur Verfügung stehen, um einen gegebenen — d. h. durch eine mathematische Formel festgelegten oder empirisch gefundenen — Zusammenhang zwischen zwei oder mehr Variablen so darzustellen, daß auf bequeme Weise zusammengehörige Werte einander zugeordnet werden.

Die Aufgaben, die die Praxis stellt, sind meist erheblich weniger einfach. Als wesentliches Moment tritt hier noch die *Zeit* in die Erscheinung, d. h. es wird verlangt, daß eine bestimmte Aufgabe nicht nur innerhalb bestimmter Genauigkeitsgrenzen *überhaupt* gelöst werde, sondern daß außerdem die zur Lösung erforderliche Zeit ein Minimum betrage. Oft liegt dabei die Sache so, daß das zur Messung irgendwelcher Variablen verwandte Meßinstrument gleichzeitig als Rechenmaschine ausgebildet und durch Messung der betreffenden Variablen gleich das Resultat an dem Meßzeiger od. dgl. abgelesen wird. Bei derartigen Aufgaben geht der technischen Lösung immer erst die physikalisch-mathematische Behandlung des Problems voraus. Allgemeine Richtlinien für die Lösung solcher Aufgaben lassen sich naturgemäß nicht geben, weil letzten Endes jede Lösung dem Zweck, der geforderten Genauigkeit und anderen Sonderforderungen angepaßt werden muß. Oft führt die Darstellung des Meßvorganges usw. in kleinem Maßstab zum Ziele. Wir geben im folgenden aus den angeführten Aufgabenkategorien einige charakteristische Beispiele.

22. Technische Aufgaben mit vorwiegend mathematischem Kern. a) Die nachstehenden Beispiele sollen zeigen, daß der physikalische und mathematische Kern vieler technischer Aufgaben überraschend einfach ist. Er muß allerdings immer erst herausgeschält werden.

Beispiel: Eine photographische Meßkammer mit einer Objektivbrennweite $f = 210$ mm zeichne das Bildformat 30×30 cm² aus. Mit dieser Meßkammer werden senkrechte Luftbildaufnahmen aus verschiedener Höhe H gemacht. Es ist anzugeben, welche Flächen aus den verschiedenen Höhen $(H]_{500\,\mathrm{m}}^{5000\,\mathrm{m}})$ aufgenommen werden und in welchem Maßstab.

a) Mathematische Lösung: Setzen wir wegen der relativen Kleinheit der in Frage kommenden Flächen die Sehne gleich dem Bogen auf der Erdoberfläche, so läßt sich aus der Abb. 129 die Proportion ablesen:

$$\frac{b}{f} = \frac{B}{H},$$

hieraus
$$B = H \cdot \frac{b}{f} = H \cdot \frac{300}{210} = 1,43\,H.$$

Für die Fläche F hat man dann
$$F = B^2 = 2,04\,H^2$$
und für den Maßstab
$$1 : M = b : B = 0,300 : 1,43\,H = 1 : 4,77\,H$$
oder auch
$$1 : M = f : H = 0,210 : H = 1 : 4,77\,H.$$

b) Praktische Lösung: Die Gleichungen
$$F = 2,04\,H^2 \quad \text{und} \quad M = 4,77\,H$$
lassen sich ohne Schwierigkeit als Doppelskalen zeichnen. In Abb. 130 ist das auf Grund einer logarithmischen Teilung für H geschehen. Auch für jede andere Form der Skala für H lassen sich die F- und die M-Skala zeichnen.

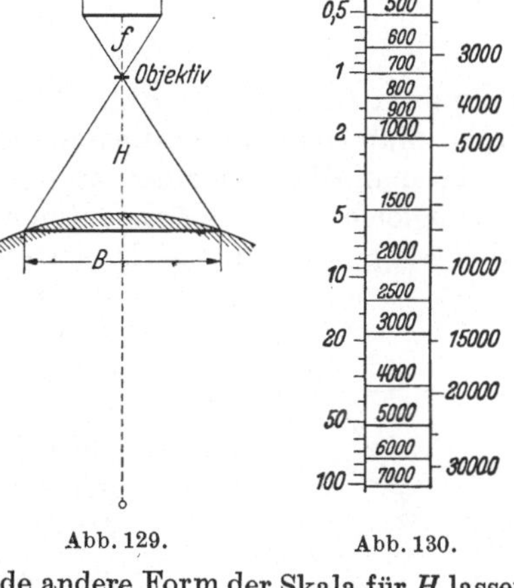

Abb. 129.   Abb. 130.

Nicht immer liegt der mathematische Kern der Aufgabe so klar zutage wie in dem soeben behandelten Beispiel. Bei der „Schallmessung" z. B. handelt es sich u. a. darum, die genaue Lage einer unzugänglichen Schallquelle aus Schallzeitdifferenzen abzuleiten. Im einfachsten Falle sind drei Meßstellen B, B_1 und B_2 gegeben (Abb. 131). Ihre gegenseitige Lage ist genau eingemessen und kartenmäßig bzw. durch Koordinaten festgelegt. Ein in B ankommender Schallimpuls setzt entweder selbsttätig oder durch Vermittlung eines Beobachters in B Stoppuhren in B_1 und B_2 in Tätigkeit; die Uhren werden in dem Augenblick abgelesen, in denen der Schall in B_1 bzw. B_2 ankommt. Aus diesen Schallaufzeiten t_1 und t_2 soll nun die Lage der Schallquelle S abgeleitet werden.

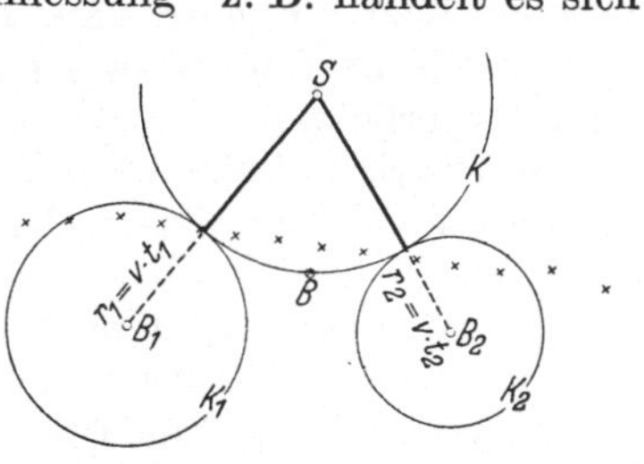

Abb. 131.

Der Schall breitet sich mit einer Geschwindigkeit v von rund 330 m/s nach allen Richtungen hin aus (Fehlereinflüsse usw. brauchen hier nicht diskutiert zu werden, weil sie für das Prinzip, das hier erläutert wird, ohne Bedeutung sind). In dem Augenblick, in dem in B der Schall gehört wird, ist er also von S aus bis zur Kreislinie K (Abb. 131) vorgedrungen. Die Zeiten t_1 und t_2, die in B_1 bzw. B_2 gemessen werden, sind ein Maß für die Radien jener Kreise K_1 und K_2, die, um B_1 bzw. B_2 geschlagen, den Kreis K berühren. Die wahre Länge der Radien dieser Kreise berechnet sich zu $r_1 = v\,t_1$ bzw. $r_2 = v\,t_2$, wobei also $v = 330$ m/s. Das geometrische Problem ist somit folgendes: Es wird der Mittelpunkt S jenes Kreises K gesucht, der durch den gegebenen Punkt B hindurchgeht und außerdem noch die

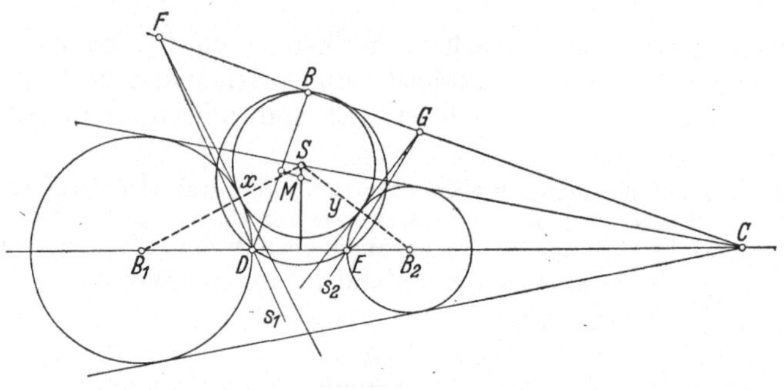

beiden gegebenen Kreise K_1 und K_2 berührt.

Die geometrische Lösung dieser Aufgabe ist schon den alten Griechen bekannt gewesen (APOLLONIUS VON PERGE, 210 v. d. Z.); sie ist in Abb. 132 dargestellt. Danach zeichnet man die Zentrale $B_1 B_2$, bestimmt auf ihrer Verlängerung den äußeren Ähnlichkeitspunkt C, zieht die Ähnlichkeitsgerade CB und legt durch D, E und B einen Kreis. Man zieht weiter die Sekanten s_1 und s_2 und findet die Punkte F und G, durch welche man die Tangenten an die beiden gegebenen Kreise legt. Diese Tangenten sind zugleich auch die Tangenten an den gesuchten Kreis, dessen Mittelpunkt S sich daher als Schnitt der verlängerten Radien $B_1 X$ und $B_2 Y$ ergibt.

Abb. 132.

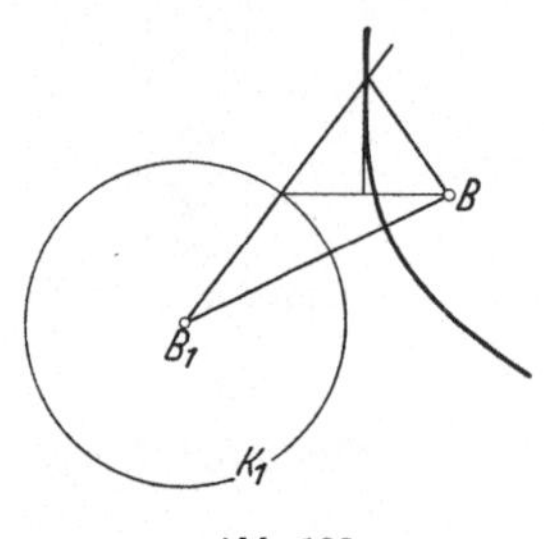

Abb. 133.

Diese an sich einwandfreie geometrische Konstruktion ist für praktische Zwecke viel zu umständlich. Man gelangt zu einer brauchbaren Lösung durch die Überlegung, daß der geometrische Ort für die Mittelpunkte aller Kreise, die durch einen gegebenen Punkt B gehen und einen gegebenen Kreis K_1 berühren (Abb. 133), *Hyperbeln* sind. Man entwirft für verschiedene, um den Beobachtungsort B_1 mit etwa $r_1]_{3\text{ km}}^{30\text{ km}}$ entsprechend rund $t_1]_{10\text{ s}}^{100\text{ s}}$ gezogene Kreise die Hyperbeln, die man entweder direkt in die Karte oder auf ein Deckblatt für diese zeichnet. Ebenso verfährt man für B_2. Die gesuchte Schallquelle S findet man jeweils als Schnitt zweier den Beobachtungen t_1 und t_2 bzw. r_1 und r_2 zugeordneter Hyperbeln.

Die Praxis hat sich eigentlich bis heute mit diesem Lösungsverfahren begnügt und gute Erfolge damit erzielt. Es hindert indes nichts, die Hyperbelscharen durch Eintragen in ein doppelt logarithmisch geteiltes Achsenkreuz in eine Schar gerader Linien und diese wieder nach Abschn. 14 u. f. in eine Leitertafel zu verwandeln, so daß man schließlich aus den — gegebenenfalls zuvor korrigierten — Werten t_1 und t_2 *unmittelbar*, ohne jede Zwischenrechnung, die Kartenkoordinaten der gesuchten Schallquelle S ablesen kann.

b) Im folgenden behandeln wir einen besonderen Fall des „Vorwärtsschnitts", jenes Messungsprinzips, mit dem wir uns bereits im Abschn. 7 einmal beschäftigten. Als Gegebenheiten nehmen wir (Abb. 134) eine Basis $B = S_l S_r$ an, sowie eine ausgezeichnete senkrechte Ebene, die durch den Punkt C geht und gegen die x-Achse des Koordinatensystems um den Winkel ϑ geneigt ist. Wir wollen sie kurz „Hauptebene" nennen. Die durch C gehende Richtung CZ_0 sei die Abszissenachse eines Koordinatensystems mit dem Ursprung C. Nun werden durch Messung der Horizontalwinkel α und β sowie des Höhenwinkels γ auf einer der beiden Basisstationen bestimmte Raumpunkte Z angeschnitten und es bestehe die Aufgabe, die Koordinaten dieser Punkte unmittelbar als Funktionen der gemessenen Winkel α, β und γ anzugeben. Da nun für Zielpunkte, die genau in der „Hauptrichtung" liegen, einem bestimmten Horizontalwinkel β beispielsweise ein ganz bestimmter Winkel α zugeordnet ist, kann die Abweichung des jemals gemessenen Winkels α_i von dem Sollwinkel α_s als Maß für die Ablage aus der Hauptrichtung gewertet werden. Wir verfolgen das Gesagte an Hand eines Zahlenbeispiels:

Gegeben sind die Koordinaten der drei Punkte S_l, C, S_r (Abb. 134)

$$
\begin{array}{ccc}
 & x & y \\
S_l & 19928 & 8787 \\
C & 21795 & 4889 \\
S_r & 23721 & 961
\end{array}
$$

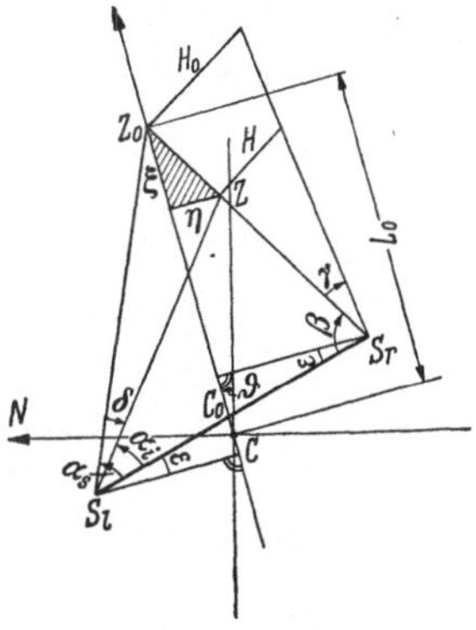

sowie die Hauptrichtung
$$\vartheta = 23{,}873^0$$
als Konstante (alle Längenmaße in m).

Gesucht sind die Größen L, ξ, η und H als Funktionen der Variablen α und β bzw. β und γ.

Lösung: α) *Ableitung der benötigten Festwerte:*

1. *Länge der Basis*
$$B = \sqrt{3793^2 + 7826^2} = 8697 \text{ m.}$$

2. *Neigung der Basis* gegen die x-Achse:
$$\nu = -64{,}143^0.$$

3. Die *Neigung der Hauptrichtung* ist mit ϑ gegeben:
$$\vartheta = 23{,}873^0; \quad \text{tg } \vartheta = 0{,}4425_3.$$

Aus $$\nu + \vartheta = 88{,}016^0$$

Abb. 134.

folgt, daß die Hauptrichtung fast senkrecht zur Meßbasis steht; der Fehlwinkel ε ist
$$\varepsilon = 1{,}984^0,$$
da ja $\nu + \vartheta + \varepsilon = 90{,}000^0$ sein muß.

4. Die *Gleichung der Meßbasis* berechnet sich zu
$$y = -2{,}0633\, x + 49901.$$

5. Die *Gleichung der Hauptlinie* ist
$$y = 0{.}4425\, x - 4755.$$

6. Der *Schnittpunkt* der Meßbasis mit der Hauptlinie berechnet sich aus 4 und 5 zu
$$
\begin{array}{cc}
x & y \\
21812 & 4897.
\end{array}
$$

7. Die *Ablage* $\overline{C_0 C}$ berechnet sich aus den Koordinaten-Unterschieden;

$$
\begin{array}{llll}
\text{Soll } C_0 & 21812 & & 4897 \\
\text{Ist } \ C & 21795 & & 4889 \\
\hline
\end{array}
$$
$$\varDelta x = 17 \quad \varDelta y = 8; \quad \overline{C_0 C} = \sqrt{17^2 + 8^2} = 18{,}7 \approx 19 \text{ m.}$$

8. Die *Teile der Basis* sind (Abb. 135)
$$B_l = 4322{,}2$$
$$B_r = 4374{,}5$$

Kontrolle: $B = \overline{8696{,}7}$; soll 8697 (siehe zu 1).

9. Die *Koordinaten von S_l und S_r* in dem System mit C als Ursprung:

Wegen der Kleinheit des Winkels ε (s. zu 3) können die Abszissenabschnitte p_0 und q_0 als Bögen berechnet werden und man erhält

$$p_0 = \frac{B_l \cdot \varepsilon}{\varrho} = 149{,}8$$

$$q_0 = \frac{B_r \cdot \varepsilon}{\varrho} = 151{,}6$$

und, wegen $\overline{C^0C} = 18{,}7$ (s. zu 7).

$$p = 131$$
$$q = 170$$
$$\overline{\hspace{2cm}}$$
$$p + q = 301$$

Aus B_l und p_0 berechnet sich dann mit ausreichender Schärfe:

$$s = B_l - \frac{150^2}{2\,B_l} = B_e - 2{,}6 = 4319{,}6 \text{ m}$$

und aus B_r und q_0 folgt ebenso

$$t = B_r - \frac{152^2}{2\,B_r} = B_r - 2{,}6 = 4371{,}9 \text{ m}.$$

β) *Aufstellung der Rechenformeln*: 1. Der Bezugspunkt sei S_r. Mißt man auf ihm einen Zielpunkt Z_0 mit dem Horizontalwinkel β an, so ist diesem, sofern der angemessene Punkt genau in der Hauptrichtung liegt, ein ganz bestimmter, leicht zu berechnender Winkel α_s auf dem Standpunkt S_l zugeordnet. Es gilt zunächst

$$C\,Z_0 = L = t \cdot tg\,(\beta - \varepsilon) + q = 4372 \cdot tg\,(\beta - 1{,}98)^0 + 170. \qquad (37)$$

Damit berechnet sich

$$tg\,(\alpha_s + \varepsilon) = \frac{L + p}{s} = \frac{4372 \cdot tg\,(\beta - 1{,}98)^0 + 301}{4320} = 1{,}01213\,tg\,(\beta - 1{,}98)^0 + 0{,}0699.$$

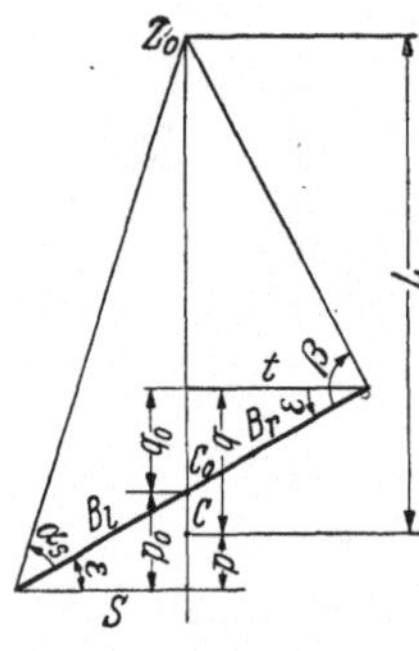

Abb. 135.

oder

$$tg\,(\alpha_s + \varepsilon) = \left(1 + \frac{1{,}213}{100}\right) \cdot tg\,(\beta - 1{,}98)^0 + 0{,}0699. \qquad (38)$$

2. Ein Blick auf die Abb. 135 lehrt nun, daß α_s stets kleiner als das zugehörige β sein muß, und zwar um die Beträge $\varDelta$, die sich unschwer aus der Formel (39) berechnen lassen:

$$\varDelta = \beta - \alpha. \qquad (39)$$

3. Wir kommen zur *Berechnung von* ξ und η. Aus

$$L + p = s \cdot tg\,(\alpha + \varepsilon)$$

folgt durch Differentiation

$$\frac{dL}{d\alpha} = \frac{s}{\cos^2(\alpha_s + \varepsilon)} = \frac{4320}{\cos^2(\alpha + 1{,}98)}$$

$$dL = \xi = \frac{\delta}{\varrho} \cdot \frac{4320}{\cos^2(\alpha + 1{,}98)} = \frac{\delta \cdot 4320}{5730\,\cos^2(\alpha + 1{,}98)}, \text{ wenn man } \delta \text{ in Hundertstel Grad}$$

einführt. Also

$$\xi = \frac{0{,}750 \cdot \delta}{\cos^2(\alpha_s + \varepsilon)} \qquad (40) \qquad\qquad \eta = \frac{\xi}{tg\,(\beta - \varepsilon)}. \qquad (41)$$

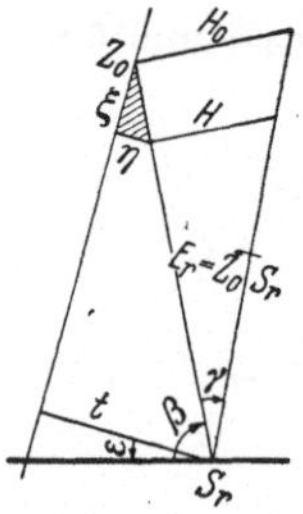

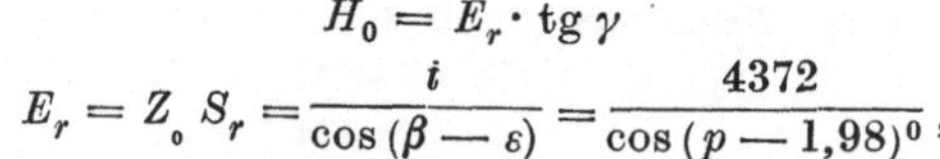

Auch über die Vorzeichen unterrichtet Abb. 134:

Ist $(\alpha_s - \alpha_i) > 0$ so ist ξ negativ, η positiv;

ist $(\alpha_s - \alpha_i) < 0$ so ist ξ positiv, η negativ;

andere Fälle sind nicht möglich.

4. Unsere Betrachtungen bezüglich der *Höhe H* stellen wir anhand der Abb. 136 an. Es ist

$$H_0 = E_r \cdot tg\,\gamma$$

$$E_r = Z_0\,S_r = \frac{i}{\cos(\beta - \varepsilon)} = \frac{4372}{\cos(p - 1{,}98)^0},$$

Abb. 136.

somit

$$H_0 = \frac{4372 \cdot tg\,\gamma}{\cos(\beta - 1{,}98)^0}. \qquad (42)$$

Weiter ist

$$H = H_0\,\frac{t - \eta}{t} = H_0\left(1 - \frac{\eta}{t}\right) = H_0 \cdot \lambda, \qquad (43)$$

wobei

$$\lambda = \left(1 - \frac{\eta}{t}\right) = \left(1 - \frac{\eta}{4372}\right) = 1 - 0{,}000\,228\,l\,\eta,$$

so daß

$$H = (1 - 0{,}000\,229)\frac{4372\,tg\,\gamma}{\cos(\beta - 1{,}98)^0}. \qquad (44)$$

γ) *Numerische Auswertung der Rechenformeln.* Die Auswertung der im vorigen Abschnitt zusammengestellten Rechenformeln erfolgt zweckmäßig anhand eines vorbereiteten Formulars, dessen Kopf wir nachstehend wiedergeben. Man geht aus von den angenommenen β-Werten, etwa von 0^0 beginnend und von 5^0 zu 5^0 fortschreitend. Bei der Berechnung von H_0 sind sowohl die β- als auch die γ-Werte zu variieren.

1. L, α und $\varDelta$ als Funktionen von β:

β	$\beta - \varepsilon$	$\mathrm{tg}\,(p - \varepsilon)$	$t \cdot \mathrm{tg}\,(\beta - \varepsilon) <$	$\frac{1,213}{100}\,\mathrm{tg}\,(\beta - \varepsilon)$	$1{,}012\,\mathrm{tg}\,(\beta - \varepsilon)$	$\mathrm{tg}\,(\alpha_s + \varepsilon)$	$\alpha + \varepsilon$	α	$\varDelta = \beta - \alpha$

2. ξ und η für $\delta = 0{,}01^0$ als Funktionen von β:

β	α	$(\alpha + \varepsilon)$	$\cos\,(\alpha + \varepsilon)$	$\cos^2\,(\alpha + \varepsilon)$	$\xi_{\delta = 0,01}$	$\mathrm{tg}\,(\beta - \varepsilon)$	$\eta_{\delta = 0,01}$

3. H_0 ($=$ unkorrigierte Höhe) als Funktion von β und γ:

β	$\beta - \varepsilon$	$\cos\,(\beta - \varepsilon)$	γ	$\mathrm{tg}\,\gamma$	$4372 \cdot \mathrm{tg}\,\gamma$	H_0

δ) *Graphische Darstellung der Berechnungsergebnisse.* Die Werte für β einerseits und die für $L, \alpha, \varDelta, \xi_{\delta = 0,01}$ und $\eta_{\delta = 0,01}$ andererseits können als Doppelskalen dargestellt werden. Ordnet man die Skalen nach Abb. 137 an, so erreicht man dadurch, daß durch die bloße Einstellung des gemessenen Wertes β sich **ohne weiteres alle übrigen** ergeben. Die Berechnung der endgültigen Werte für ξ und η ist dann — etwa mit Hilfe eines gewöhnlichen

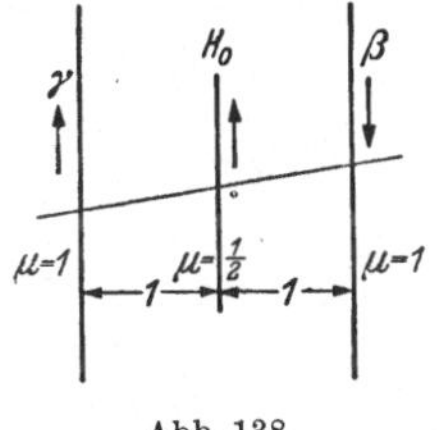

Abb. 137.

Rechenschiebers — ein Kleinigkeit.

Für die Bestimmung von H_0 aus β und γ müßte ein Nomogramm entwickelt werden. Durch Logarithmieren geht die Gleichung (44) über in
$$\lg H_0 = \lg \mathrm{tg}\,\gamma - \lg \cos\,(\beta - \varepsilon) + C,$$
woraus sich die in Abb. 138 angedeutete Anordnung der Skalenträger ergibt.

Das Verfahren ist grundlegend für die Auswertung raumtrigonometrischer Vermessungen bewegter Ziele; man braucht es z. B. zur Registrierung des Flugweges von Pilotballonen, die die Meteorologen zur Erforschung der oberen Luftschichten aufsteigen lassen, und anderer Forschungszwecke.

Abb. 138.

23. Das Meßinstrument als Rechenmaschine. a) Nachstehend wird eine Anzahl praktischer Aufgaben behandelt und gezeigt, wie erst der meist einfache mathematische Kern herausgeschält und dann das Meßinstrument als Rechenmaschine ausgebildet wird. Die letzten Aufgaben zeigen dann, wie durch kleinmaßstäbliche Wiederholung der geometrischen Verhältnisse, die der Messung zugrunde lagen, eine praktisch verwertbare Lösung erzielt wird, ohne daß die oft recht verwickelten mathematischen Verhältnisse bis zum letzten untersucht zu werden brauchen.

Beispiel: Es soll die Geschwindigkeit der eine gerade Stoppstrecke durchfahrenden Kraftfahrzeuge wie folgt festgestellt werden: Die Stoppstrecke sei genau $s = 200$ m lang. Am Anfang derselben schließt der vorbeifahrende Kraftwagen einen elektrischen Stromkreis, der eine Stoppuhr in Gang setzt. Am Ende der Stoppstrecke betätigt der Wagen abermals einen Kontakt, wodurch der Lauf des Uhrzeigers angehalten wird. Der Uhrzeiger beschreibt einen vollen Kreis in 15 Sekunden. Das Zifferblatt der Uhr soll statt der Sekunden gleich die Stundengeschwindigkeiten der durchfahrenden Wagen ablesen lassen ($v]^{120\ \mathrm{km/h}}_{50\ \mathrm{km/h}}$). Wie ist das Zifferblatt zu teilen?

Lösung. Es ist
$$s = 200 = v\,t$$
$$v = \frac{200}{t}\ \mathrm{m/s} = \frac{200}{t} \cdot \frac{3600}{1000} = \frac{720}{t}\ \mathrm{km/h}.$$

Hieraus die Tabelle 22. Gegeben ist durch die Stoppuhr die reguläre Teilung für $t]_0^{15}$.
Statt der Werte für t sind bei den t-Werten die aus der Tabelle 22 zu entnehmenden v-Werte
anzuschreiben (Abb. 139).

Abb. 139.

Tabelle 22.

v km/h	t s
120	6,00
110	6,54
100	7,20
90	8,00
80	9,00
70	10,3
60	12,0
50	14,4

Übrigens: Wie zeichnet man die kreis-
förmige reguläre 15-Sekunden-Teilung? —
Es ist (Abb. 140)

$$b = r \cdot \frac{360^0}{15 \cdot \varrho^0} = 0{,}419\, r\, .$$

Damit oder auch direkt mit dem Winkel

$$A\, M\, B = \frac{360^0}{15} = 24^\circ$$ lassen sich die Punkte

A und B auf der Kreisperipherie finden. Die
Verlängerung der Halbierungslinie dieses
Winkels gibt den Punkt C. Der Winkel
$A\, M\, C$ (rechts herum gemessen!) ist nun
in acht Teile zu teilen, was unschwer mit
Zirkel und Lineal geschehen kann und in der Abb. 140 angedeutet ist.

B e i s p i e l: Bei einer noch nicht geeichten Brief-
waage findet man, daß eine Belastung von $P_1 = 10$ g einen
Ausschlag von $\beta_1 = 8{,}0^0$ erzeugt und eine Belastung von $P_2 = 50$ g einen solchen von
$\beta_2 = 40{,}0^0$. Die Skala habe einen Radius von 70 mm. Sie ist für Belastungen $P]_0^{100}$ g
zu entwerfen.

L ö s u n g: Mit Bezug auf Abb. 141 ist β als Funktion von P darzustellen: $\beta = f(P)$.
Die Physik lehrt, daß Gleichgewicht herrscht, wenn das Moment von Q gleich ist dem
von P:

$$L_q \cdot Q = l_p \cdot P$$
$$L_q = L \sin \beta; \quad l_p = l \sin(\alpha + \beta);$$
$$L \sin \beta \cdot Q = l \sin(\alpha + \beta) \cdot P.$$
$$\frac{\sin(\alpha + \beta)}{\sin \beta} = \frac{L \cdot Q}{l \cdot P}$$
$$\frac{\sin \alpha \cos \beta + \cos \alpha \sin \beta}{\sin \beta} = \frac{L \cdot Q}{l \cdot P}$$
$$\sin \alpha \, \operatorname{cotg} \beta + \cos \alpha = \frac{L \cdot Q}{l \cdot P}$$
$$\sin \alpha \, \operatorname{ctg} \beta = \frac{L \cdot Q}{l \cdot P} - \cos \alpha$$
$$\operatorname{ctg} \beta = \frac{L \cdot Q}{l \cdot P \cdot \sin \alpha} - \operatorname{ctg} \alpha\, .$$

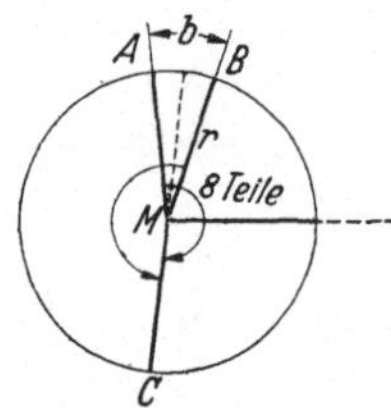

Abb. 140.

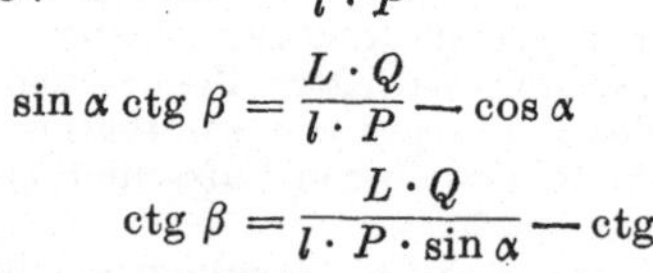

Abb. 141.

Setze

$$\frac{L \cdot Q}{l \sin \alpha} = C_1; \quad \operatorname{ctg} \alpha = C_2$$
$$\operatorname{ctg} \beta = \frac{C_1}{P} - C_2\, .$$

Im gegebenen Falle, wo

$$P_1 = 10\, g$$
$$\beta_1 = 8^0; \quad \operatorname{ctg} \beta_1 = 7{,}115$$
$$P_2 = 50\, g$$
$$\beta_2 = 40^0; \quad \operatorname{ctg} \beta_2 = 1{,}192$$

hat man also die beiden Gleichungen

$$7{,}115 = \frac{C_1}{10} - C_2$$
$$1{,}192 = \frac{C_1}{50} - C_2$$

hieraus
$$C_2 = \frac{C_1}{10} - 7{,}115$$

und weiter

$$1,912 = \frac{C_1}{50} - \frac{C_1}{10} + 7,115$$

$$59,6 = C_1 - 5\,C_1 + 355,75$$
$$- 59,6 + 355,75 = 4\,C_1$$
$$C_1 = 74,0$$
$$C_2 = 0,2885$$

also
$$\operatorname{ctg}\beta = \frac{74,0}{P} - 0,2882.$$

Tabelle 23.

P	$\dfrac{74}{P}$	$\operatorname{ctg}\beta$	$\operatorname{tg}\beta$
0	∞	∞	0
10	7,4	7,112	0,141
20	3,7	3,412	0,293
30	2,47	2,179	0,459
40	1,85	1,562	0,640
50	1,48	1,192	0,839
60	1,23	0,945	1,058
70	1,05	0,769	1,300
80	0,93	0,637	1,570
90	0,83	0,534	1,873
100	0,74	0,452	2,212

Hiernach wurde die Tabelle 23 berechnet und auf Grund dieser dann die Teilung entworfen (Abb. 142.. Die Werte $\operatorname{tg}\beta$ wurden der bequemeren Konstruktion wegen berechnet.

Wesentlich einfacher wäre die Entwicklung der Teilung gewesen, wenn nicht nur *zwei* Punkte der Skala, sondern drei oder mehrere durch einen Versuch bestimmt worden wären. Dann hätte die ganze Rechnung gespart werden und die Teilung rein graphisch entwickelt werden können, wie dies im Abschn. 7 gezeigt wurde.

Beispiel: Um die Geschwindigkeit v_g zu bestimmen, die in der Luft befindliche Flugzuge haben, trägt man die Orte, über denen sich die Flugzeuge zu bestimmten gemessenen Zeiten befinden, in eine maßstäbliche Karte ein. Aus den aus der Karte zu entnehmenden Flugwegen s und der zum Durchfliegen derselben erforderlich gewesenen Zeit ließe sich die Flugzeuggeschwindigkeit v_g ohne weiteres berechnen zu $v_g = \dfrac{s}{t}$. Es soll jedoch aus

Abb. 142.

Tabelle 24.

$$v = \frac{s}{t}\ (\text{m/s})\ \text{für}\ t =$$

m	10	20	30	40	50	60
1000	100	50	—	—	—	—
2000	—	100	67	50	—	—
3000	—	150	100	75	60	50
4000	—	—	135	100	80	67
5000	—	—	—	125	100	83
6000	—	—	—	150	120	100
7000	—	—	—	—	140	117

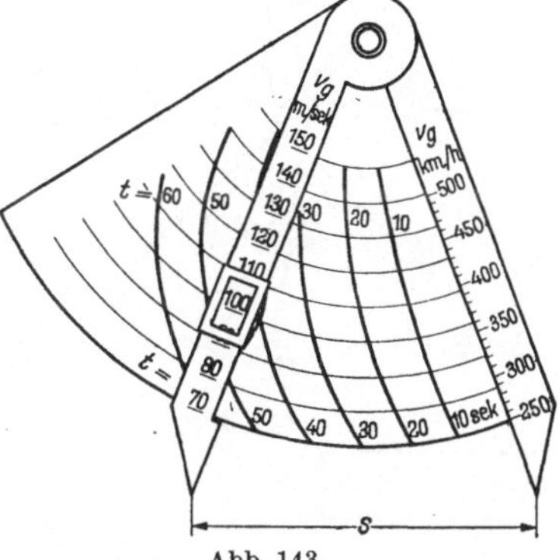

Abb. 143.

bestimmten Gründen der Zirkel, mit dem s aus der Karte abgegriffen wird, gleich so eingerichtet werden, daß an ihm unmittelbar die gesuchte Geschwindigkeit sowohl in m/s als auch in km/h abgelesen werden kann (speziell für $v_g]_7^{5}\ \text{m/s}$; 1 : 50 000; $t]_0^{30\,\text{s}}$).

Lösung: Die mögliche Einrichtung eines solchen Zirkels zeigt die Abb. 143. Die gesuchte Geschwindigkeit ergibt sich als Schnittpunkt der Meßkante des beweglichen Lineals mit der betreffenden t-Kurve. Als Ausgang für die Konstruktion der t-Kurven dient die Tabelle 24. Die Umrechnung der in m/s angegebenen Geschwindigkeiten in km/h erfolgt auf Grund der Beziehung:

$$v_{\text{km/h}} = 3,6 \cdot v_{\text{m/s}}. \tag{37}$$

Übrigens wird dieses Rechenhilfsmittel noch ganz erheblich einfacher, wenn man noch eine der Variablen — praktisch etwa die Zeit t — dadurch eliminiert, daß man sie beim Messen konstant hält. Der Meßtechniker nennt dieses Vorgehen das „Prinzip der Verminderung der Variablen". Den hiernach entwickelten vereinfachten Geschwindigkeitszirkel für $t = 60$ bzw. 30 sek sowie für einen bestimmten Kartenmaßstab zeigt Abb. 144.

Beispiel: Ein Flugzeug, das keine Sichtverbindung zur Erdoberfläche hat und daher etwa nach einem Kompaßkurs fliegen muß, wird diesen Kurs nur dann einhalten, wenn es nicht durch Seitenwind abgetrieben wird. Das Flugzeug erfährt durch den Seitenwind eine gewisse *Abtrift*. Es ist ein Rechenhilfsmittel anzugeben, das gestattet, aus

der Eigengeschwindigkeit v_e des Flugzeugs,

der Kompaßrichtung σ_e des Flugzeugs,

der Windgeschwindigkeit v_w und

der Windrichtung σ_w

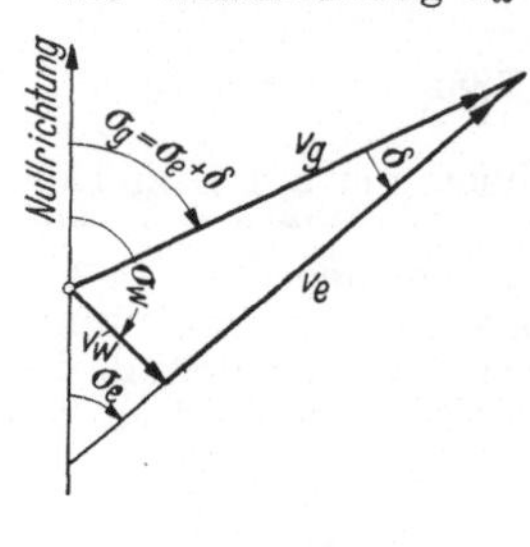

Abb. 144.   Abb. 145.

den Abtriftwinkel δ und die aus v_e und v_w resultierende Flugzeuggeschwindigkeit über Grund, v_g, zu bestimmen.

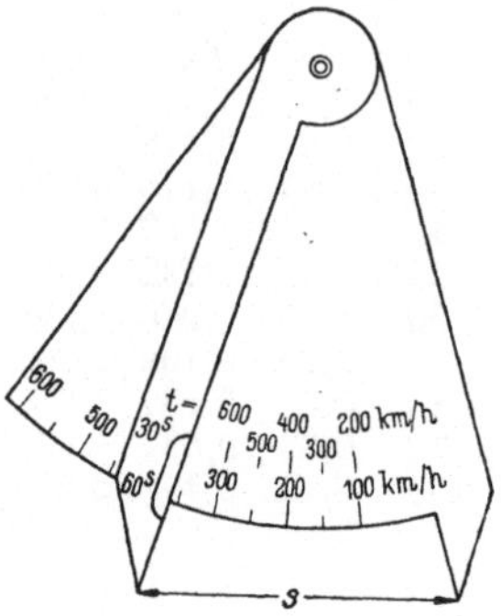

Lösung: Die Geschwindigkeiten v_e und v_w addieren sich nach den Lehren der Mechanik geometrisch. Danach ergibt sich die grundsätzliche Lösung der Aufgabe gemäß Abb. 145. In Abb. 146 sehen wir die Lösung für den Fall, daß

$$v_e = 100 \text{ m/s}$$
$$v_w = 20 \text{ m/s}$$

für alle Flugrichtungen von 45° zu 45° durchgeführt. Aus der Abbildung ist für die eingezeichneten Richtungen zu entnehmen:

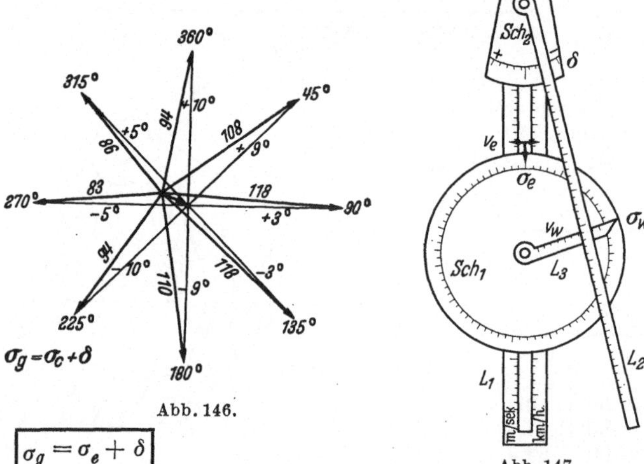

Abb. 146.

$$\boxed{\sigma_g = \sigma_e + \delta}$$

1. die tatsächliche Geschwindigkeit über Grund v_g,

2. die Korrekturen δ, die dem vom Flugzeug gehaltenen Eigenkurs σ_e hinzugefügt werden müssen, um den tatsächlich geflogenen Kurs σ_g zu erhalten:

$$\sigma_g = \sigma_e + \delta.$$

Auch einfache Geräte, die die Aufgabe für alle Fälle rein mechanisch lösen, sind mehrfach erdacht und ausgeführt worden. In Abb. 147 zeigen wir einen solchen mechanischen Abtriftrechner, der kaum noch einer Erläuterung bedarf. Die Scheibe Sch_1 läßt

Abb. 147.

sich durch Verschieben auf die Geschwindigkeit v_e und durch Drehen auf den Sollkurs σ_e einstellen. Weiter stellt man das nach Werten von v_w geteilte Lineal L_3 auf die Windrichtung σ_w ein. Ist das geschehen, so kann man auf dem Lineal L_2, das man nur noch auf die betreffende v_w einzustellen hat, die gesuchte v_g und auf der Scheibe Sch_2 den Abtriftwinkel δ ablesen, um welchen man σ_e korrigieren muß, um den wahren Kurs σ_g über Grund zu erhalten. Man kann die Mechanisierung auch noch weiter treiben und über der σ_e-Teilung einen beweglichen Zeiger spielen lassen, von dem gleich die von dem Gerät ausgerechneten richtigen σ_g-Werte abgelesen werden können.

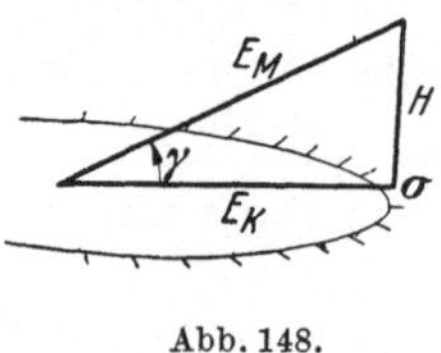

Abb. 148.

Beispiel: Ein Gerät bestimmt die Lage eines Punktes im Raum — etwa eines Pivotballons — durch die Ermittlung der Seitenrichtung σ (Abb. 148), des Höhenwinkels γ sowie der Schrägentfernung E_M. Benötigt werden aber für die weitere rechnerische Behandlung die Zielhöhe H und die Kartenentfernung E_K. Wie findet man diese?

L ö s u n g : Es könnte das Meßgerät so eingerichtet werden (Abb. 149), daß die gemessene Schrägentfernung E_M durch irgendeine mechanische Steuerung auf das stets senkrecht stehende Lineal L übertragen wird. Im einfachsten Falle stellt man den Schieber Sch des Lineals L von Hand auf die Entfernung E_M ein. Das Lineal spielt über einer senkrechten Tafel T, die sich automatisch nach γ einstellt und auf der man dann an der Ablesemarke des Schiebers Sch unmittelbar die gesuchten Werte abliest.

Eine andere Möglichkeit besteht darin, daß man — getrennt von dem Meßgerät — das Bestimmungsdreieck $E_M — E_K — H$ in die Ebene von O umklappt (Abb. 150), γ und E_M mit den entsprechenden Linealen einstellt und E_K und H abliest.

b) Führt man den hier zuletzt behandelten Gedanken der *Mechanisierung der Rechengeräte* weiter, so kommt man bald auf bestimmte, immer wiederkehrende Probleme, bei denen es sich darum handelt, gewisse mathematische einfache Aufgaben, wie beispielsweise die Vergrößerung oder Verkleinerung, ferner die Umwandlung linearer in bestimmte, durch einen mathematischen Zusammenhang vorgeschriebene Bewegungsvorgänge usw. durch mechanische

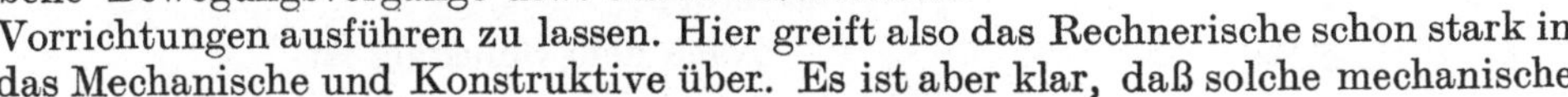

Abb. 149.

Vorrichtungen ausführen zu lassen. Hier greift also das Rechnerische schon stark in das Mechanische und Konstruktive über. Es ist aber klar, daß solche mechanische Auswertevorrichtungen in ihren Grundlagen auf bestimmte mathematisch-physikalische Prinzipien zurückgehen, von denen wir einige grundsätzliche besprechen wollen.

c) Um beispielsweise kleine *Längenänderungen* mechanisch zu vergrößern, bedient man sich in der Praxis irgendwelcher Hebelvorrichtungen. Die z. B. als Rollen ausgebildeten Hebel gestatten gleichzeitig eine oft erwünschte Änderung der Kraftrichtung. Sehr kleine Längenänderungen von feinen Drähten usw. werden stark — allerdings nicht proportional — vergrößert dargestellt durch die in Abb. 151 skizzierte Auswanderung h des nach unten oder nach der Seite gezogenen Mittelpunktes des gespannten Drahtes. Zwischen seiner Längenänderung Δl und der Auswanderung h bestehen die Beziehungen:

$$\Delta l = \frac{h^2}{l} \quad \text{und} \quad h = \sqrt{l \cdot \Delta l}. \qquad (45)$$

Für $l = 100$ und Längenänderungen von $0,1$—1% errechnen sich danach

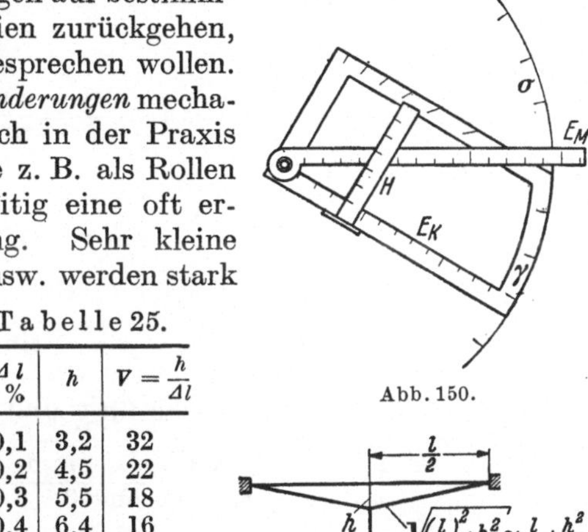

Abb. 150.

Abb. 151.

T a b e l l e 25.

Δl in %	h	$V = \dfrac{h}{\Delta l}$
0,1	3,2	32
0,2	4,5	22
0,3	5,5	18
0,4	6,4	16
0,5	7,1	14
0,6	7,8	13
0,7	8,4	12
0,8	9,0	11
0,9	9,5	10,5
1,0	10	10

die in Tabelle 25 zusammengestellten Auswanderungen. In der letzten Spalte sind noch die Vergrößerungen V angegeben, die die einfache Vorrichtung, von der man z. B. beim Hitzdrahtamperemeter Gebrauch macht, hergibt. Man erkennt, daß die Vergrößerungen sehr schnell absinken. Andererseits setzen die starken Vergrößerungen kleine Anfangsauswanderungen voraus, doch diese bedingen wieder hohe Zugspannungen, die nicht immer zulässig sind.

d) Die Verdoppelung eines Drehwinkels läßt sich — optisch — mit einem Spiegel erzielen. Man macht von dieser Tatsache beim Spiegelgalvanometer Gebrauch.

Dreht sich der Spiegel *Sp* (Abb. 152) um den Winkel α, so wird ein von einer Lichtquelle *L* auf den Spiegel auftreffender Lichtstrahl um den doppelten Drehwinkel, also um 2α abgelenkt.

e) Für die Abbildung eines Gegenstandes durch eine Konvexlinse mit der Brennweite f gilt die dioptrische Hauptformel

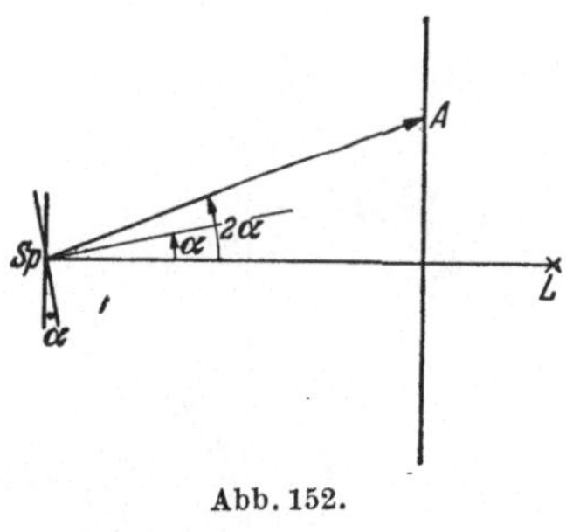
Abb. 152.

$$\frac{1}{a} + \frac{1}{b} = \frac{1}{f}. \qquad (46)$$

Wenn nun die Aufgabe besteht, die Einstellung der Bildweiten *b* durch die Gegenstandsweiten *a* unmittelbar steuern zu lassen, so kann das nur auf Grund bestimmter geometrischer Beziehungen, die sich leicht „mechanisieren" lassen, geschehen. In Abschn. 16 ist gesagt worden, daß mit Bezug auf die Abb. 153 für jede durch den Punkt *D* gelegte Gerade *g* die Beziehung gilt:

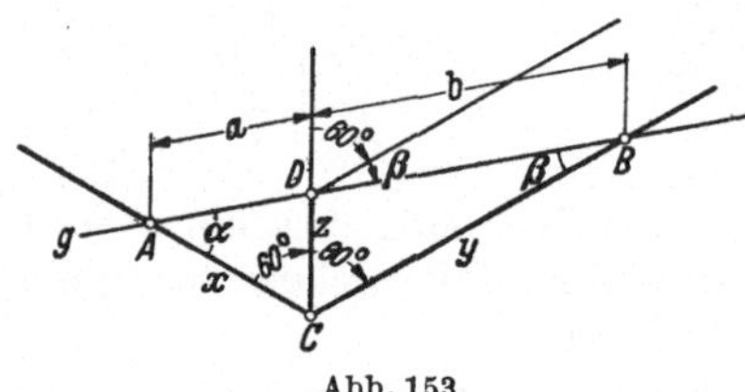
Abb. 153.

$$\frac{1}{x} + \frac{1}{y} = \frac{1}{z}.$$

Nachstehend der Beweis für diese Behauptung:

Nach dem Sinussatz ist

$$\frac{x}{\sin \beta} = \frac{y}{\sin \alpha}$$

Somit also

$$\frac{1}{x} = \frac{\sin \alpha}{\sin \beta} \cdot \frac{1}{y}.$$

Weiter ist

$$\frac{z}{\sin \beta} = \frac{y}{\sin (60^0 + \beta)}$$

und somit

$$\frac{1}{y} = \frac{\sin \beta}{\sin (60^0 + \beta)} \cdot \frac{1}{z}.$$

Die Addition der Ausdrücke für $\frac{1}{x}$ und $\frac{1}{y}$ gibt

$$\frac{1}{x} + \frac{1}{y} = \frac{\sin \alpha}{\sin \beta} \cdot \frac{\sin \beta}{\sin (60^0 + \beta)} \cdot \frac{1}{z} + \frac{\sin \beta}{\sin (60^0 + \beta)} \cdot \frac{1}{z}$$

oder wegen

$$\alpha = 60^0 - \beta$$

$$\frac{1}{x} + \frac{1}{y} = \frac{\sin (60^0 - \beta) + \sin \beta}{\sin (60^0 + \beta)} \cdot \frac{1}{z} = \frac{1}{z}.$$

z liegt auf der Winkelhalbierenden des großen Dreiecks, und diese teilt die Gerade *g* im Verhältnis der Anseiten *x* und *y*. Um die Abschnitte der Geraden *g* gleich *a* und *b* zu machen, müßte *z* entsprechend vergrößert werden, und zwar so, daß beim rechtwinkligen Schnitt der Winkelhalbierenden durch die Gerade *g* deren Teile *a* und *b* gleich $2f$ werden. Aus dieser Erkenntnis folgt

$$z = 2 \cdot f \cdot \text{tg } 30^0 = 2 \cdot 0{,}5774 f \qquad (39)$$
$$z = 1{,}155 f.$$

Damit wäre die Aufgabe *mathematisch* gelöst. Diese Lösung führt zu folgender Konstruktion:

Die abbildende Linse befindet sich bei D. Bei A befindet sich der Gegenstand, bei B der Bildschirm od. dgl., auf dem das Bild von A aufgefangen wird. A und B gleiten auf einer der Geraden g entsprechenden Gleitschiene; beide werden gleichzeitig geführt durch zwei miteinander starr verbundene, den Winkel von $120°$ einschließende Führungsschienen, also durch einen Winkelhebel, dessen Drehpunkt D sich im Abstand $z = 1{,}155\,f$ von der Geraden g befindet. Auf technische Einzelheiten und andere Möglichkeiten brauchen wir uns hier nicht einzulassen.

f) Um die außerordentlich vielseitigen Möglichkeiten zu zeigen, die für die Auswertung praktischer Aufgaben bestehen, diskutieren wir einmal die Frage: Wie kann die Gleichung

$$H = E_M \cdot \sin\gamma \tag{40}$$

ausgewertet werden?

Die Antwort auf diese Frage geben die Abb. 154—162. Es stellt dar:

Abb. 154: Die elementar-mechanische Umwandlung der Polarkoordinaten E_M und γ in orthogonale. E_M ist durch Kreisbögen dargestellt; die γ sind angedeutet durch die im Ursprung zusammenlaufenden Linien. (Netztafelprinzip.)

Abb. 155: Die Mechanisierung des Auswertevorganges durch kleinmaßstäbliche Wiederholung des Messungsvorganges.

Abb. 156: Darstellung der gegebenen Gleichung im orthogonalen, logarithmisch geteilten Achsenkreuz.

Abb. 157: Mechanisierung der vorigen Darstellung.

Abb. 158: Nomographische Darstellung mit regulären Teilungen für H und E_M.

Abb. 159: Nomographische Darstellung mit logarithmischen Teilungen für H und E_M.

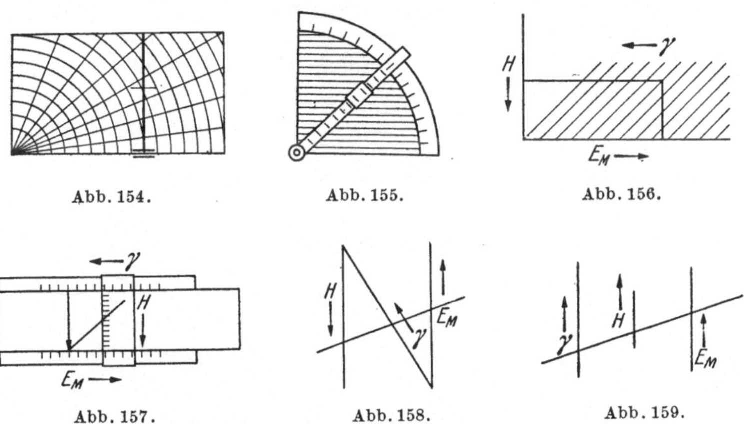

Abb. 154.   Abb. 155.   Abb. 156.

Abb. 157.   Abb. 158.   Abb. 159.

Abb. 160: Dasselbe Nomogramm wie Abb. 159, mit verschieblich-drehbar angeordnetem Auswertelineal.

Abb. 161: Vollmechanisiertes Nomogramm in Form einer Rechentrommel, bei der durch Eindrehen der Eingangswerte (γ und E_M) durch die Triebe T_{r_1} und T_{r_2} das Resultat h automatisch unter dem Fenster erscheint. Der Mechanismus, der das bewirkt, besteht übrigens (Abb. 162) aus nichts weiter als ein paar Kegel- und Stirnrädern, die genau wie das „Ausgleichgetriebe" beim Auto wirken: Verstellt man die eine Skalenscheibe — etwa $St\ I$ — bei feststehender anderer Scheibe ($St\ II$) um den Winkel α, so drehen die Kegelräder K_1 und K_2 die mittlere Skalenscheibe $St\ III$ um den Winkel $\alpha/2$ weiter, ganz entsprechend den Teilungsmoduln, die bei den hier verwendeten Teilungen sich auch wie $1 : {}^1/_2$ verhalten.

g) Das hier zuletzt behandelte Beispiel spielt in der Rechenpraxis eine überaus wichtige Rolle, insbesondere auch in der Vermessungstechnik, wo die Auswertung von Ausdrücken der Form

$$\Delta y = a \sin \alpha$$

und

$$\Delta z = a \cos \alpha$$

bei Koordinatenumformungen, bei der Berechnung von „Kleinpunkten" und „Polygonpunkten" und bei noch vielen anderen Aufgaben immer wieder vorkommen —

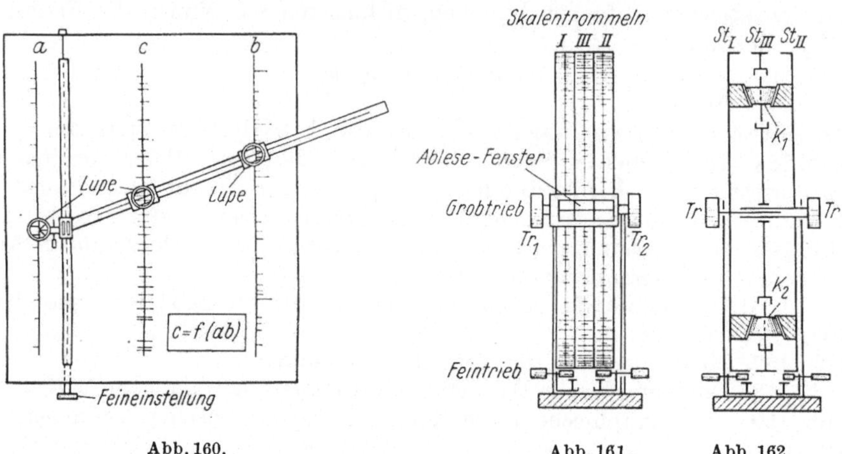

Abb. 160.   Abb. 161.   Abb. 162.

Aufgaben, die gebieterisch nach einem bequemen und ausreichend genauen und wohlfeilen Rechenhilfsmittel verlangen.

Es ist bedauerlich, daß von den vielen Möglichkeiten, die das graphische Rechnen bietet, in der Praxis noch viel zu wenig Gebrauch gemacht wird; vielleicht tritt in der gegenwärtigen Notzeit, die ja zu äußerster Sparsamkeit und Wirtschaftlichkeit zwingt, eine Änderung ein.

(Fortsetzung 4. Umschlagseite)